JN168455

温泉はなぜ体にいいのか♨

松田忠徳

平凡社

はじめに

温泉が私たちの心身に効果的であるためには、「化学的」に本物でなければならない。温泉の本質はその還元力にある。細胞のサビ（酸化）を防ぐ抗酸化力にある。と同時に精神的な「癒し」の効果も侮《あなど》れない。

このどちらかが欠けても温泉効果が得られないというのが、温泉浴で自律神経のバランスを整えながら、自然治癒力を高めてきた私の結論である。おかげで一度も入院した経験がないし、ほとんど病院のお世話にならずにこられた。

日本人を真に癒してくれるのは、「歴史と文化の連続性」であるというのが持論だ。縄文前期の6000年前から日本人が関わってきた温泉はもちろん、私たちにとっての文化である独自の入浴法、湯治《とうじ》作法などはその最たるものだろう。

近年、シャワーに代表される西欧の「洗い流す文化」の前に、わが国古来の「浸かる文化」の影がすっかり薄くなったようだ。その結果として、日本人の低体温化が著しく進み、自然治癒力、免疫力が衰えてきたとしたら至極残念なことである。

本書では日本人がいかに温泉と関わってきたかを、神道《しんとう》の禊《みそぎ》や奈良時代の『出雲国風土記』にまで遡って、その歴史、文化をたどった。江戸時代の温泉論などから、現代人が忘れつつある科学的な「浸かる文化」のDNAを蘇らせていただけたら嬉しい。

なお本書は月刊『旅行読売』に7年半連載した「日本温泉物語」に大幅に加筆、訂正し、また巻頭に約70ページに及ぶ「温泉の抗酸化作用」を実証する、入浴モニターによる私共の実証実験を新たに書き下ろし、編集者伊藤建介氏によって編集されたものであることをお断りしておきたい。

最後に『温泉はなぜ体にいいのか』をより良いものにするためにご尽力をいただいた平凡社編集部の蟹沢格氏にお礼を申し述べたい。

平成28年9月15日　於札幌

松田忠徳

温泉はなぜ体にいいのか◎目次

◆温泉で治す……157

◆温泉のもたらす文化……213

◆〝予防医学〟としての温泉の効用

温泉利用の歴史と温泉の効能

◇温泉の歴史

昭和39（1964）年に長野県上諏訪で、6000年前の縄文人の温泉跡が発掘されている。恐らくはもっと前から日本人の先祖は温泉と関わっていただろうことは想像できる。現在に至るまで、それこそ気の遠くなりそうな日本人と温泉の長い関わりの大半が、すなわち、「療養と温泉」「予防医療としての温泉」の歴史でもあったことは間違いなさそうである。

江戸時代から昭和30年代まで、温泉は日本の治療学にとって重要な役割を担ってきたからである。

このことは、本書の重要な導入部分なので、後述の本文と少々重なるところもあるが、このまま話を進めたい。

『出雲国風土記』(733年)には、現在の島根県玉造《たまつくり》温泉のことを「万病すべて治癒してしまう」ことから神の湯といっていたと記されている。

その「神の湯」に初めて本格的に医科学的な光が当てられ、温泉療法に用いられるようになったのは江戸時代の後藤艮山《こんざん》(1659~1733年)によってである。

「百病は一気の留滞より生ずる」。艮山の有名な医論「一気留滞論」は、人間が病気になる原因は、天候、食物、精神的なものなどさまざまだが、これらは真の原因ではない、人体における気の鬱滞《うったい》こそが原因だという説だ。これを「順気」に導くことが、医療の目的だと説く。

「気の鬱滞」とは、現代医学でいう自律神経、つまり交感神経と副交感神経のバランスを指すに違いない。現代医学の説くところを的確に論じた後藤艮山の一気留滞論は極めて斬新な発想であった。

卓越した臨床医でもあった艮山は、病気になった場合、自律神経の調整のために温泉浴を勧めた。わが国の温泉浴の解説本の原型は、今から300年も前にその艮山の指導を受けた香川修徳《しゅうとく》(1683~1755年)によって作られていた。ここに欠けている温泉成分の分析と泉質別効能は、江戸後期に津山藩医、宇田川榕菴《うだがわようあん》によって明らかにされる。

香川修徳はその著『一本堂薬選続編』（元文3〔1738〕年）でこう述べている。

「温泉は心気を助長し、体をあたため、ふる血を除去し、血のめぐりをよくし、肌のきめを開き、関節を滑らかにし、皮膚、肌身、経絡《けいらく》（血管）、筋骨、癥疝《ちょうさん》（腹のしこり、せん気）、痱痙《ひけい》（中風・神経痛のひきつり）、痺痿《ひい》（しびれ）、手痺（手のしびれ）、脚痺（足のしびれ）、攣急《れんきゅう》（ひきつけ）等、多くの痛みを、のびのびと発散し、痔、脱肛を治し、黴瘡《ばいそう》（かさ）、下疳《げかん》（陰部の潰瘍《かいよう》）、便毒《べんどく》（よこね）、結毒《けつどく》（梅毒、あるいは癩病）、発漏《はつろう》（発疹）、疥癬《かいせん》（皮膚病）や多くの悪瘡《あくそう》（悪性のかさ）、撲損《ぼくそん》（打撲傷、うちみ）、閃肭《せんどう》（筋収縮?）、婦人腰冷、帯下（こしけ）など、大体、痼疾《こしつ》（持病）、怪痾《かいあ》（奇病）には、温泉浴が多くの効き目がある」（小笠原眞澄・小笠原春夫編著『訓解温泉考（一本堂薬選続編）』）

高名な医学者に温泉の効能をこれだけ列記されれば、高価な薬に手の届かなかった庶民が温泉療法「湯治」に向かうのは必然であったろう。

修徳は同書の「浴試」の項でこう述べている。

「入浴のよいか否かを試してみようとするものは、その初めの入浴の際、胸や腹がひろびろとなり、しきりに空腹となり、食が進み、食が美味しいとなれば、これは、その温泉が適中したのである。もし、胸や腹が一杯となり、食べたいと思わないなら、それはその温泉が適当でないからである。入浴してはいけない。一日過ごして、再度入浴してみて、前のようでなく、よく空腹で食が進んだならば、入浴してよい」

卓見である。

「浴法」では――。

「心静かに、気を和らげ、本当に子供が水に遊ぶ様な、純な気持になり、湯槽の中に入ること暫《しばら》くの間、体を暖め、又、必ず身体の周りを暖かくすることが必要であると知るべきである」

「思うに、湯の熱が、元気を助け、充実して全身に廻り、汗になって湧き出て、患部の滞留していたのが、次第に通じて、気も体も回復することができるのである」

温熱作用によって血流の新陳代謝が促進されることによる、心身の健康を説いている。温泉に入ると自律神経のバランスが整えられ、ホルモン系、免疫系を介して、生体諸器官の乱れが正常化される。江戸中期に日本の温泉医学は、その本質をすでに提示していたといっていいようだ。

現代人は「浴禁」の項にも注目していい。

「入浴中は、寒い風や外気の害をすべて避けるべきである。思うに、入浴すれば必ず汗が出て、皮膚のきめが自然に開き、寒い風に感じ易い。故に注意して慎まなければ、必ず障害をおこす。この際入浴してはいけない。又まさに病気の道を開いてしまう」。この基本を忘れた現代人は生活習慣病に苛《さいな》まれている。

「風邪は万病のもと」とはよく言ったものである。現代人は安易に風邪薬を常用することによって、風邪すらも治せなくなっている。

風邪をひかないように風邪薬を服用する人さえいる。このように自然治癒力をいわば「封印」することによって、風邪を何週間もこじらす人が多い。

「保温」という生体にとっての基本を無視することによって、免疫力を低下させ、風邪だけでなく、生活習慣病に陥りやすくなるのである。まさに、「風邪は万病のもと」なのである。逆に言えば安易に薬に頼らない生活、常日頃から自然治癒力を蓄え、必要な時にそれを引き出せる生活が風邪をひきにくくするのである。

抗酸化力を高める凄い温泉の底力——酸化体質を改善する

◇予防に勝る治療はない

私が温泉の医学に本格的に関わって以来、絶えず腐心してきたことは、「温泉で病気の予防をできないものか、このことを西洋医学の手法で実証できないものか」ということである。

なぜなら、がんをはじめ、糖尿病、高血圧、動脈硬化などの生活習慣病は容易には治癒できない。つまり薬から容易には解放されないのが現状といっても過言ではない。現代（西洋）医学の治療医学だけでは、食生活を含めた日本人の生活の乱れの速度に追いつけない。

それだけに冷静に考えれば、改めて「予防に勝る治療はない」という結論に達する。いや、このことを自覚することが21世紀に生きる私たちにとっても最も肝要なことである気がする。予防と治療の両輪が必要な時代に突入したということである。治療は医師の仕事だが、予防は私たちの務めであることも自覚する必要がある。治らない、治せない時代が、私たちの生きる21世紀前半なのだ。

それを象徴するのが日本人の〝健康寿命〟の異常とも思える短さといえる。日本人は世界一の長寿国家といわれてきた。事実、女性の平均寿命は86・8歳で世界1位、男性は80・5歳で同3位（2014年）。

ところが寝たきりになったり介護を受けたりせず、自分で健康的に生活できる期間である健康寿命は、女性で74・2歳、男性で71・2歳（2013年）。つまり、女性で12～13年、男性で約9年も寝たきり、長期介護の状態になる。このような国は世界を見渡しても容易には見当たらない。嵩上《かさあ》げされた世界一の長寿国家の輪郭が浮き上がってくる。お金も嵩む、家族も大変だ。本人はもっと辛い。これが明日の私たちの姿であることは紛れもない事実なのである。欧米の65歳以上の寝たきり率は10％未満だが、日本では30％台と先進国では突出している。予防に対する自覚の差があまりにも大きい。

◇温泉浴で酸化体質のカラダを還元体質へ変える

欧米では和食ブームで、2013年には和食がユネスコ無形文化遺産に登録されたが、本家本元の日本では食のアメリカ化が加速する一方である。かつては日本人のがん死亡者の上位は胃がん、肺がんなどであったが、食生活のアメリカ化により、最近は男性で3位に大腸がん、女性で1位に大腸がん、5位が乳がん（2013年）であり、食生活の激変を反映している。

国立がん研究センターの予測では、大腸がんがついに肺がんを抜いて、1位の13万5800人（男女合計）になると発表した。2位以下に肺がん（13万3500人）、胃がん（13万3000人）、前立腺がん（9万8400人）、乳がん（8万9400人）が続く。改めて言うまでもないが、大腸がんだけでなく、前立腺がん、乳がんも食のアメリカ化によるものとの見方が大勢を占めている。

私たちの体の酸化還元は食生活を反映している。肉類、乳製品、脂肪の多い高カロリー、動物性タンパク質中心のアメリカ的な食事を続けていると、血液は酸性に傾く。健康な人の血液のpHは7・35～7・45と弱アルカリ性が保たれているが、このバランスが崩れ酸性に傾くと、深刻な病気になる。

肉類を食べる場合は野菜も合わせて摂取し、酸化を防ぐ心がけが必要になる。だから「野菜を食べなさい」と言われるのだが、日本人の野菜摂取量は減少するばかりで、現在ではアメリカ人をも下回っている。なにせ厚生労働省は1日に350グラム以上の摂取を呼びかけているが、これを男女共にクリアしているのは長野県のみという悲惨な状況なのだ。

◎唾液

かつて私たちは、「飲み込まないで、よく嚙んで食べなさい」と、親に言われたものである。現在では唾液は、がんを始めさまざまな疾病を防ぐ酵素が含まれていることが解明されている。嚙むことは認知症防止にもなる。さほど嚙まなくても食べられるアメリカ食を、日本人はアメリカ人よりも食べている。

私たちの体が進化していない以上、やはり健康は唾液抜きには語ることはできない。これまで唾液と健康の関係の研究はあまり進んでいなかった。ところが最近、唾液から体の健康度を測定したり、自覚症状のない病気を発見したりする方法が有効なことが明らかになってきた。この評価法は温泉を予防医学に活用するうえで非常に有効で、私は積極的に取り入れている。

唾液の成分は血液を反映している。血液がそのまま唾液になっているわけではないが、血液の成分が唾液の成分になっていることから、唾液から血液の情報を知ることが可能なのだ。たとえば唾液の酸化と還元状態を唾液専用の酸化還元電位計「アラ！　元気」で測定すると、「＋50mV（ミリボルト）以上の人の体は、酸化状態にある」などと確認できる。

健康な人間の体では1日に1・0〜1・5リットルもの唾液が出ている。これは1日の尿の量にも匹敵する大変な量なのだ。唾液は口の中の唾液腺から出てくる。耳の下の耳下腺《じか》、あごの下の顎下腺《がつか》、舌の下の舌下腺《ぜつか》が主な唾液腺で、顎下腺からの唾液が全体の量の約70％を占めるといわれている。次が約25％の耳下腺である。

緊張したり、いらいらすると口の中は乾き、唾液はねばねばになる。それに対して、リラックス状態にあるとさらさらの唾液になる。リラックスした副交感神経が優位の状態では、水分の多い漿液性《しょうえき》の唾液が耳下腺から分泌される。一方、緊張した交感神経優位の状態では、顎下腺からの分泌はあるが、耳下腺からのさらさらした唾液の分泌は少ない。

唾液は99・5％が水分からできており、その主な構成成分は、ナトリウム、カリウム、マグネシウム、鉄、銅、亜鉛、アミラーゼ、酵素、免疫グロブリン、尿酸、ホルモン……。

このように唾液にはさまざまな化学物質が含まれている。

さらに食物を噛むことによって副交感神経が刺激され、唾液の分泌とともに若返りのホルモン〝パロチン〟が作られ、それが血液中に取り込まれることがわかっている。昔から「よく噛んで」という親の言葉は科学的に正しかったのである。

◇唾液で体の健康状態がわかる

強い紫外線、放射線、排気ガス、タバコ、農薬、食品添加物、過剰な飲酒、強いストレス、激しい運動、濾過・循環方式の入浴施設に使用されている塩素系薬剤などが原因の活性酸素により、生体の酸化反応と抗酸化反応のバランスが崩れ、生体が酸化的障害を起こすことを〝酸化ストレス〟状態という。がん、糖尿病、脳卒中、動脈硬化、認知症などの生活習慣病の約90％は酸化ストレス状態から始まると言われている。それだけでなく美肌を損ねる原因も活性酸素による酸化なのである。

従って私たちの体が不健康な酸化状態にあるか、あるいは健康な還元状態にあるかを知ることによって、病気の予防や早期発見につなげることが可能だ。それを知ることが予防医学の第一歩とも言える。本書では酸化状態に傾いている体を温泉浴によって改善、つまり還元状態に戻すことができるのか否かを検証して、温泉の予防医学としての有効性を実証したい。まず唾液の検査、次に血液による検査である。

あらゆる物質は酸化還元反応を行っている。私たちの生体も絶えず酸化還元反応を繰り返している。このバランスが壊れて酸化状態が優位になると体調不良になり、病気の兆候が現れる。

岡澤美江子医師による延べ3500人に及ぶ「酸化還元電位と唾液」の検証の結果、唾液は体の健康状態を反映することが判明した。体が酸化状態になり不健康だと唾液も酸化される。ストレスや過労でも唾液は酸化状態を示す。

唾液の酸化還元電位はほぼ「+40mV〜+50mV」が「還元値境界線」で、+50mVを超えると酸化状態で体調が損なわれているという。また−20mV以下だと還元力が強く、極めて体調が良い状態にある。これは延べ3500人のサンプルから導き出された指標である。この指標をまとめたのが【図表1】である。

図表1　唾液の酸化状態と還元状態

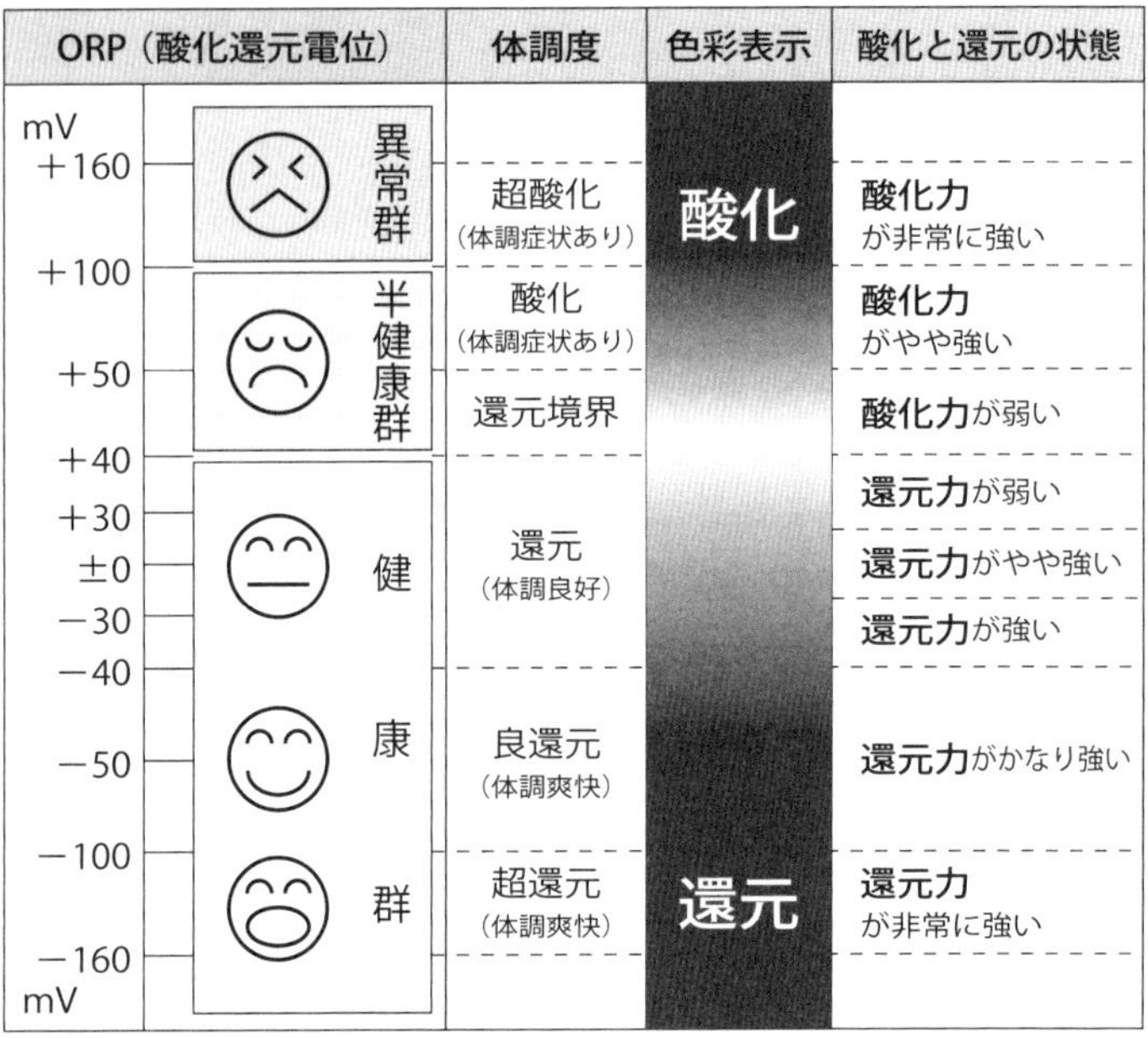

ORP（酸化還元電位）		体調度	色彩表示	酸化と還元の状態
mV +160	異常群	超酸化（体調症状あり）	酸化	**酸化力**が非常に強い
+100	半健康群	酸化（体調症状あり）		**酸化力**がやや強い
+50		還元境界		**酸化力**が弱い
+40	健康群			**還元力**が弱い
+30		還元（体調良好）		**還元力**がやや強い
±0				
−30				**還元力**が強い
−40		良還元（体調爽快）		**還元力**がかなり強い
−50				
−100		超還元（体調爽快）	還元	**還元力**が非常に強い
−160 mV				

岡澤美江子『「唾液」の神秘一口アドバイス』（リブアンドラブ）より

◇温泉浴によって唾液の酸化還元はどう変化するか

入浴モニターによる検証

平成27（二〇一五）年、紀伊半島の最深部に位置する奈良県十《と》津《つ》川《かわ》村、十津川温泉の村営「ホテル昴《すばる》」で、平均年齢58歳、男女合わせて21名のモニターの協力で、3泊4日の「プチ湯治」を行ってもらった。モニターは近畿一円から公募したが、応募資格は自己申告で「通院していないこと」である。プチ湯治中は原則1日3、4回の入浴と食事時間が決められている以外は、時間の過ごし方は読書、散歩、車で寺社巡りなど自由とした。

【図表2】のようにモニターの湯治開始前は平均で＋24mVと「還元」にあり、かなり健康的でこれ以上の改善は見込めるのかとの不安もあったが、3日後には同じく平均で－47mV「良還元」と、大幅に健康度が高まった（【図表1】）。

図表2　十津川温泉・唾液ORPの変化（3泊4日プチ湯治モニター）

	年齢	湯治前	湯治後
1.	73	88	−11
2.	65	17	−26
3.	67	62	8
4.	72	−60	−31
5.	59	20	−70
6.	71	14	−31
7.	40	29	−30
8.	60	38	−57
9.	60	53	−25
10.	35	29	−56
11.	55	97	−70
12.	62	52	−47
13.	38	−46	−81
14.	65	1	−21
15.	66	−69	−69
16.	26	4	−43
17.	58	15	−52
18.	54	46	−55
19.	53	20	−60
20.	67	33	−71
21.	63	59	−89
平均	58	24	−47

超酸化（＋101〜＋160）
酸化（＋51〜＋100）
還元境界（＋40〜＋50）
還元（＋39〜−40）
良還元（−41〜−100）

単位：mV

図表3　十津川温泉「3泊4日プチ湯治モニター」(個別)

	湯治前	湯治後
超酸化（+101～+160）	0人（0%）	0人（0%）
酸化（+51～+100）	6人（28.6%）	0人（0%）
還元境界（+40～+50）	1人（4.8%）	0人（0%）
還元（+39～−40）	11人（52.4%）	8人（38.1%）
良還元（−41～−100）	3人（14.3%）	13人（61.9%）

（2015年5月25～28日に実施）

モニター個別に見ると、温泉効果がさらにわかりやすい（【図表3】）。

ちなみに十津川温泉の泉質は美肌効果の高いナトリウム―炭酸水素塩泉（重曹泉）であった。

次に硫黄泉での3か月間「通い湯治」での療養効果を見てみよう。実証調査は北海道の日本海に面したホッケの水揚げ高全国一の漁業の町、寿都《すっつ》町営「ゆべつのゆ」で、平成26（二〇一四）年の秋に実施した。

週に2回、3か月間「通い湯治モニター」は地元寿都の普段は温泉に入っていない町民20名で、平均年齢は51歳。湯治前の唾液の酸化還元電位の平均は+57mVで、3か月後には+21mVに改善された。

通い湯治モニターは仕事、食生活、喫煙、飲酒など日常生活はそのままで、温泉浴だけ普段の生活と変わった点であることを考えると、この結果は温泉の抗酸化効果

図表4　寿都温泉「3か月週2回通い湯治モニター」（個別）

	湯治前	湯治後
超酸化（＋101〜＋160）	1人（5.0%）	0人（0%）
酸化（＋51〜＋100）	13人（65.0%）	2人（10.0%）
還元境界（＋40〜＋50）	0人（0%）	3人（15.0%）
還元（＋39〜−40）	5人（25.0%）	15人（75.0%）
良還元（−41〜−100）	1人（5.0%）	0人（0%）

（2014年9月8日〜12月8日に実施）

を反映したものと考えていいだろう。寿都町のように海辺の人々はどうしても野菜不足の傾向が顕著で、また気象条件、生活パターンなどから交感神経が優位になりがちで、生体は酸化状態に傾きやすい。

このことは十津川温泉のモニターの湯治開始前の酸化還元電位が平均で＋24mVであったのに対して、寿都温泉のモニターは男女で＋53mVと高いことにも表れている（【図表5】）。

寿都温泉のモニターを個別（【図表4】）に見ると、温泉効果がよりはっきりとしてくる。

このように湯治開始前には健康異常群である超酸化と半健康群である酸化が全体の70・0％であったのに対して、3か月後には健康群である還元が75・0％とマス層を占めるまでに大幅に健康状態が改善されていた。

図表５　寿都温泉・唾液ORPの変化「3か月週2回通い湯治モニター」

〈男性〉

	年齢	湯治前	湯治後
1.	65	97	13
2.	40	133	−4
3.	39	23	10
4.	54	98	16
5.	51	65	−2
6.	58	4	13
7.	60	−7	−22
8.	55	76	67
9.	54	33	67
10.	68	94	30
11.	69	80	42
12.	42	55	27
13.	42	91	28
平均	54	65	22

〈女性〉

	年齢	湯治前	湯治後
1.	55	−76	5
2.	37	26	4
3.	39	81	−3
4.	47	67	50
5.	51	60	1
6.	40	75	41
7.	57	55	27
平均	47	41	18

- 超酸化（＋101〜＋160）
- 酸化（＋51〜＋100）
- 還元境界（＋40〜＋50）
- 還元（＋39〜−40）
- 良還元（−41〜−100）

◎温泉浴で抗酸化能が高まる

私たちの体の細胞が活性酸素によって酸化されることを、鉄が酸化して錆びることになぞらえて「細胞が錆びつく」と表現することが多い。細胞が錆びついて、動脈硬化、糖尿病、がんなどの生活習慣病に罹患しないように野菜、海藻、果物など抗酸化作用のある食物の摂取を心がけなければならないのだが、それらの摂取量が減少していることはすでに触れた。

岡澤美江子医師によると、唾液の酸化還元電位が＋70mVなどの高い数値が続く場合は、精密検査をした方がいいという。本人が自覚していない隠れた病気が発見される例も珍しくないからだ。徹夜や暴飲暴食の後の唾液の酸化還元電位は＋100mV位の高い数値を示し、本人が自覚している以上に体は過労状態で酸化していると警告している。

過剰な農薬、化学肥料まみれの野菜も体を酸化体質へ導くから気をつけなければならない。せちがらい世の中になってしまったが、温泉の抗酸化作用で私たちの生体の酸化を防げることが、先のモニターによる実証調査でわかってきた。定期的に入浴することで酸化状態に傾きがちな体を健康な還元状態に改善できるとしたら、温泉好きの日本人にはラッキーなことだろう。

◇西欧の〝飲泉文化〟と日本の〝入浴文化〟

ドイツなどヨーロッパでは、温泉は「飲む野菜」「飲むミネラル」などと言われてきた。そのせいか温泉は入浴より、むしろ飲むものと思い込んでいる人々も少なくない。

ヨーロッパでの〝飲泉文化〟の発達は、微量な含有成分を余すことなく効率的に体内に摂取しようという表れであろう。現代（ヨーロッパ）医療の治療学は薬で治すことが基本であるから、この考え方は理解できる。ヨーロッパの温泉の多くが低温であったことも飲泉文化を育むのに役立った面があるだろう。

一方、日本は火山国でいきおい高温泉が多く、しかも硫黄泉が多かったから、飲泉文化はさほど根づかなかった。このことはむしろ幸いしたと私は考えている。入浴による温泉の温熱効果こそ、温泉効果の最たるものと考えられるからだ。しかもここ数年の私共の検証により、野菜、ミネラルを体内に摂取するうえでも、日本人の湯に浸かる文字通りの〝入浴文化〟という習慣は極めて理に適っていたということを改めて確信するに至った。

なぜなら飲泉といっても、まさか1日にコップで10杯、20杯と飲むわけにはいかない。せいぜい3、4杯である。入浴では湯に浸かる時間が30分やそこらはざらである。ましてや湯治療養では1日に3、4回は風呂場へ向かう。現代でも新潟県栃尾又《とちおまた》温泉や三重県榊原《さかきばら》温泉などでよく知られるように、ぬる湯に1時間以上も浸かることは決して珍しいことではない。

かつては群馬県霧積《きりづみ》温泉で〝夜通の湯〟という入浴法があった。ぬる湯で夜通し、時には将棋を指しながら10〜15時間も湯に浸かるのである。霧積や宮城県定義《じょうげ》温泉、岡山県湯郷《ゆのごう》温泉などでは神経の鎮静効果が高いとして、このような入浴法はよく利用されていたが、今考えると、その間、皮膚から〝抗酸化物質〟が吸収されていたのである。まさしく副作用のリスクをほとんど考えなくていい究極の予防医学であったと思われる。

毛穴から浸透した温泉の成分は皮膚の下の結合組織で血液やリンパ液に混じり、全身の細胞に運ばれる。結合組織はいわば大地のようなもので、内臓とつながっている。飲泉では飲み物、食べ物と同じように胃腸を通過し、小腸で初めて吸収され血液に混じって全身に運ばれる。入浴により皮膚から温泉の成分が浸透すると、じかに体内に吸収される。しかも皮膚は最大の臓器と称してもいいほどで、広げると男性で畳2枚分近くにもなるといわれている。日本人の全身浴の習慣が合理的であることがおわかりだろう。

先に見たように入浴者の酸化状態の体が還元状態に改善されたということは、抗酸化力を有する温泉が野菜か野菜以上の働きをして細胞の錆びを消去、抑制したことを示唆している。

唾液の酸化還元電位による体の健康状態のチェックは比較的手軽にできるが、次に、より精密である血液検査による温泉の抗酸化力を説明しよう。

◇温泉浴で疾病を防ぐための抗酸化力を高める——野菜摂取よりはるかに効率的⁉
湯治後の血中の抗酸化能の変化を調べる

血液中には過剰に発生した活性酸素・フリーラジカルに対抗する抗酸化物質が多数存在している。内因性抗酸化物質として、アルブミン、トランスフェリン、セルロプラスミン、ビリルビン、尿酸、還元グルタチオンなど、外因性抗酸化物質として、トコフェロール、カロテン、ユビキノン、アスコルビン酸、メチオニン、フラボノイド、ポリフェノールなどがある。

抗酸化力測定（BAP test ＝ Biological Antioxidant Potential test）は、これらの血液中抗酸化物質が活性酸素・フリーラジカルに電子を与え、酸化反応を止める還元力を総合的に評価したもの。「過剰な活性酸素・フリーラジカルに打ち克つ力」をテストするものと言い換えることも可能だ。この力が強ければ細胞の酸化、錆びを防いだり、抑制したりできる。

図表6　BAPテストの結果による抗酸化力の総合評価

（正常域＝2200～4000μmol/l）

2200以上	適値
2200未満～2000	ボーダーライン
2000未満～1800	抗酸化力がやや不足
1800未満～1600	抗酸化力が不足
1600未満～1400	抗酸化力がかなり不足
1400未満	抗酸化力が大幅に不足

（FREE SYSTEM Proceduresより引用）

具体的にはFe（Ⅲ）を含む試薬に血漿《けつしょう》を混ぜると、抗酸化物質の作用でFe（Ⅱ）に還元され、脱色する。この色の変化を光度計で測定し、血漿の抗酸化力を評価する。この結果を数値化したのが【図表6】である。なお、抗酸化力と後述の酸化ストレス度はフリーラジカル解析装置「FREE」を使用した。

寿都《すっつ》温泉「ゆべつのゆ」での入浴モニターによる検査結果は、3か月「週1回通いモニター」の抗酸化力は湯治前が1840・6マイクロモル／リットルで、3か月後には平均で2137・7マイクロモル／リットルと有意に増加した。あと少しで適値に迫るボーダーラインである。

一方、3か月「週2回通いモニター」は湯治前の1955・5マイクロモル／リットルから、2270・

9マイクロモル／リットルと、こちらも有意に増加し、適値に入った。

【図表8】と【図表9】を見ながら、それぞれの群のモニターを個別に検証してみよう。

◇「週1回通い湯治モニター」の検証

「週1回通い湯治モニター」22名の湯治前の抗酸化力は平均で1840・6マイクロモル／リットルで、【図表8】からおわかりのように「抗酸化力がやや不足（1800～2000未満）」に分類されるが、実際には「抗酸化力が不足（1600～1800未満）」に非常に近いことがわかる。それが3か月後には「適値」に近い「ボーダーライン（2000～2200未満）」に改善された。その内容を検証してみよう。

湯治開始前には「抗酸化力が大幅に不足（1400未満）」、「抗酸化力がかなり不足（1400～1600未満）」、「抗酸化力が不足（1600～1800未満）」に8名、全体の36・4％いたが、湯治終了後には5名、22・7％に減少した。また湯治開始前には「適値（2200以上）」及び「ボーダーライン（2000～2200未満）」がそれぞれ1名で合わせて2名、全体の9・1％しかいなかったのに対して、湯治終了後には「適値」が11名と10倍以上に増え、「ボーダーライン」の3名を加えると14名、63・6％と大幅の改善を見た

図表7　寿都温泉「3か月週1回通い湯治モニター」（個別）

	湯治前	湯治後
「抗酸化力が大幅に不足」	1人（4.5%）	0人（0%）
「抗酸化力がかなり不足」	0人（0%）	1人（4.5%）
「抗酸化力が不足」	7人（31.8%）	4人（18.2%）
「抗酸化力がやや不足」	12人（54.5%）	3人（13.6%）
「ボーダーライン」	1人（4.5%）	3人（13.6%）
「適値」	1人（4.5%）	11人（50.0%）

（2014年9月8日～12月8日に実施）

【図表7】。

◇「週2回通い湯治モニター」の検証

【図表9】からおわかりのように、「週2回通い湯治モニター」20名の湯治前の抗酸化能は、平均で1955・5マイクロモル／リットルで、「抗酸化力がやや不足（1800～2000未満）」に分類されていたのが、3か月後には「適値」に改善された。

湯治開始前には「抗酸化力が大幅に不足（1400未満）」、「抗酸化力がかなり不足（1400～1600未満）」、「抗酸化力が不足（1600～1800未満）」に該当するモニターは合わせて6名、全体の3分の1に近い30%いたが、湯治終了後には0名、0%となった。

また同様に湯治前に「ボーダーライン」と「適値」

図表８　寿都温泉「３か月週１回通い湯治モニター」の抗酸化力の増減

	年齢	湯治前の抗酸化力	湯治後の抗酸化力
1.	59	1811.1	1441.0
2.	56	1603.2	1667.5
3.	54	1607.4	1689.3
4.	51	2182.6	1799.4
5.	62	1844.9	1814.5
6.	39	1699.4	2281.8
7.	59	1369.9	2096.7
8.	35	1815.7	2218.3
9.	64	1901.9	2557.4
10.	56	1885.4	2524.3
11.	56	1862.5	2513.7
12.	42	1736.1	1741.8
13.	56	1879.8	2243.2
14.	66	1746.4	2270.2
15.	42	2555.2	2563.3
16.	57	1979.8	2129.9
17.	65	1777.2	2013.7
18.	57	1942.7	2527.5
19.	58	1832.7	1999.5
20.	56	1859.8	1976.4
21.	62	1686.4	2425.4
22.	56	1913.9	2534.5
平均	55	1840.6	2137.7

単位：μmol/L

抗酸化力が大幅に不足（1400未満）
抗酸化力がかなり不足（1400〜1600未満）
抗酸化力が不足（1600〜1800未満）
抗酸化力がやや不足（1800〜2000未満）
ボーダーライン（2000〜2200未満）
適値（2200以上）

図表9 「週2回通いモニター」の抗酸化力の増減

	年齢	湯治前の抗酸化力	湯治後の抗酸化力
1.	65	1630.0	2204.3
2.	55	2273.4	2220.0
3.	40	1546.0	2191.4
4.	37	2232.1	2073.2
5.	39	1933.8	2200.4
6.	39	2162.4	2623.6
7.	54	1784.7	2267.6
8.	47	1812.6	2092.8
9.	51	2032.2	1927.3
10.	40	2110.7	2442.5
11.	51	1800.5	2197.8
12.	58	1573.6	2040.9
13.	60	2059.6	2337.4
14.	55	2248.9	2715.8
15.	54	2214.1	2286.6
16.	68	1706.0	1832.5
17.	69	2069.0	2364.6
18.	57	1702.4	2466.0
19.	42	2105.7	2455.1
20.	42	2111.3	2478.2
平均	51	1955.5	2270.9

単位：μmol/L

抗酸化力が大幅に不足（1400未満）
抗酸化力がかなり不足（1400～1600未満）
抗酸化力が不足（1600～1800未満）
抗酸化力がやや不足（1800～2000未満）
ボーダーライン（2000～2200未満）
適値（2200以上）

図表10　寿都温泉「週2回通いモニター」（個別）

	湯治前	湯治後
「抗酸化力が大幅に不足」	0人（0％）	0人（0％）
「抗酸化力がかなり不足」	2人（10.0％）	0人（0％）
「抗酸化力が不足」	4人（20.0％）	0人（0％）
「抗酸化力がやや不足」	3人（15.0％）	2人（10.0％）
「ボーダーライン」	7人（35.0％）	6人（30.0％）
「適値」	4人（20.0％）	12人（60.0％）

（2014年9月8日〜12月8日に実施）

が合わせて11名、全体の55％を占めていたのが、湯治後には18名、90％を占めるほどに飛躍的な改善を見た【図表10】。

このようにモニターの平均では大差ないが、個別のモニターで見ると、「週1回通いモニター」より「週2回通いモニター」の方が良い結果であることがわかる。このことは入浴回数が多いほど、野菜、果物等から摂取している抗酸化物質を温泉からも多く摂取できることを示唆している。

十津川温泉の重曹泉では

十津川温泉のナトリウム—炭酸水素塩泉（重曹泉）での3泊4日プチ湯治で、短期間だが1日平均3、4回集中的に入浴した効果はどうだったろうか？

この結果を数値化したのが【図表11】である。湯治

図表11　十津川温泉「3泊4日プチ湯治モニター」の抗酸化力の増減

	年齢	湯治前の抗酸化力	湯治後の抗酸化力
1.	73	2435.5	2638.6
2.	65	3381.1	3390.4
3.	67	1799.5	1965.8
4.	72	1731.2	2066.7
5.	59	2174.2	2355.9
6.	71	2134.6	2280.0
7.	40	1805.7	1907.2
8.	60	1830.4	1309.6
9.	60	1858.4	1898.4
10.	35	2733.3	2351.7
11.	55	2177.9	2355.6
12.	62	2308.2	2507.4
13.	38	1856.4	2256.2
14.	65	1995.3	2588.7
15.	66	1625.0	1870.8
16.	26	2424.4	2887.4
17.	58	2114.1	2355.1
18.	54	2482.9	2730.6
19.	53	1948.1	2022.7
20.	67	2195.3	2174.5
21.	63	2153.4	2197.3
平均	58	2150.7	2291.0

単位：μmol/L

- 抗酸化力が大幅に不足（1400未満）
- 抗酸化力がかなり不足（1400〜1600未満）
- 抗酸化力が不足（1600〜1800未満）
- 抗酸化力がやや不足（1800〜2000未満）
- ボーダーライン（2000〜2200未満）
- 適値（2200以上）

開始前には21名のモニターの平均が2150・7マイクロモル／リットルで、モニターの健康状態はかなり良好だった。それだけに3日でさらに数値を上げるのは大変かと思われたが、湯治後にはモニター平均で2291・0マイクロモル／リットルと「ボーダーライン」から、さらに「適値」に改善された。改めて温泉の抗酸化作用の凄さが実証されたとの印象を強く受けた。

モニターを個別に見ると、湯治開始前に抗酸化能の「適値」のモニターは6人（28・6%）であったのが、湯治後には2倍の12人（57・1%）と大幅に増加した。また「ボーダーライン」を含めると16名、全体の76・2%を占める結果となった。

これら一連の検証は、抗酸化作用のある温泉に入浴することで、効率的に抗酸化能を改善できることを示唆している。現代人の野菜不足が叫ばれるなか、このことは非常に注目すべきことだ。温泉での短期湯治によって抗酸化能を高められるということは、健康を回復する能力を得たということでもある。

私共はこのような温泉の抗酸化作用は「含有成分が薄い」と言われてきた単純温泉でも確認してきた。〝リウマチの名湯〟俵山《たわらやま》温泉（山口県）、〝美肌の名湯〟奥津《おくつ》温泉（岡山県）における実証調査で、2泊、4泊、3日連続の通い、3か月通い湯治等、さまざまなパターンにおいても実証できた。

従来、温泉浴の効果は環境が変わることによる転地効果を除けば、温熱効果が最上位にあるとされた。私もほぼそう考えていた。だがこれまで私共が各地で行った、いま紹介した以外の温泉地における検証結果からも、温泉の抗酸化効果は侮れないことが判明した。

もともと日本人は温泉好きである。野菜不足で生活習慣病に罹患し、将来の長期介護、寝たきり予備軍をこれ以上増やさないためにも、鮮度の高い温泉を楽しみながら野菜不足を補ってもらいたい。特に野菜嫌いの子供や若い人にも。もちろん野趣あふれる露天風呂は自律神経のバランスを整え、免疫力を高めてくれる。

日本人の湯治という科学的な習慣

もっとも、昔の日本人の湯治の習わしを考えると、「なるほど！」と思い当たることが多々ある。かつて日本人の大半は農村、漁村などの食料の産地に暮らしていた。自給自足が基本だったからだ。その頃の湯治の季節の基本は土用丑《うし》の湯治と寒《かん》の湯治であった。暑さにも寒さにも抵抗力のある、つまり自然治癒力、免疫力のある心身を作るためであった。予防医学の考え方である。

日本人はこのような予防医学のいわば精神的なＤＮＡをしっかりと持ち合わせていた。それが場当たり的な対症療法の治療医学一辺倒になったことが、現代日本人の現役世代の不健康、高齢者の寝たきり症候群を産みだしているといっても過言ではないだろう。

正月明けの１月中旬から２月中旬にかけてのもっとも寒い時期に湯治をしていたのは、たんにこの季節が暇だっただけではないことはもうおわかりだろう。しかもまだ冷蔵庫もなかったころの東北、北陸のような雪国では、生野菜は保存できる物にかぎられた。ところがこれまでの検証からおわかりのように、温泉から生野菜に匹敵するか、おそらくはそれ以上の抗酸化力を得ていたのである。改めて日本人の凄さに私は感動している。

しかもこれまでの温泉の調査から、真冬を中心とした季節の方があきらかに温泉の還元力が強い。これは気圧配置と関係があるものと思われる。

かつての日本人の湯治の期間は３、４週間を基本としていた。温泉浴で免疫力を高めていただけでなく、野菜を摂取するよりも効果的に抗酸化力を高め健康を回復する、あるいは疾病を予防する基礎体力＝自然治癒力を培っていたことをうかがい知ることができる。

馬、牛、野生のゾウ、キリンなどの大型動物は草＝野菜から、活動するためのエネルギーだけでなく、あの体格を維持するための骨格、筋肉を形成している。このことを考えると、かつて私たちの先人が湯治というある意味、科学的な習慣によって華奢《きやしや》な体でありながら今日の日本の土台を作ったということは、あながち不思議なことではなかった。

かつて日本人は数百年の長きにわたり経験温泉学に則って湯治という習慣を継承してきたが、実証温泉学によってこのようにその有効性が解明されようとしている。私の持論のひとつに、「江戸時代（古い時代）にあって、現代もなお受け入れられ存続するものは優れて科学的だ」というものがある。それを科学的に検証していないだけのことだ。なぜ検証していないのかといえば、その理由の大半は科学者や企業にとってお金にならないからであろう。

温泉のような伝統的なものよりも、たとえば新薬を開発することの方がお金になることは誰しも理解できる。だが、新たな開発の方がお金になるからといって伝統を棄《す》てては文化が断ち切られる、あるいは民族のアイデンティティー（存在証明）を失いかねないことも認識しておく必要がある。ましてや、薬だけでは誰もが罹患し苦しんでいる生活習慣病すら治せないのだ。

私たち日本人は伝統と最先端という意味での科学のバランスの取り方を忘れてしまって久しい。真の伝統は最先端の科学でもある。温泉の検証を繰り返す中で、改めてこのことを確信するに至った。日本人は「温故知新」の意味をいま一度顧みる時期に来ている。科学は万能ではない。森羅万象の中に真の科学は存在する。

「急がば回れ」の精神が日本人を健康にする

私たち日本人は先を急ぎ過ぎた。いまこそ「急がば回れ」である。

湯治という、豊かな日本人の精神性を培ってきた習わしをほぼ絶やし、効率というどこかの国からのお題目の大合唱の中で、湯治という合理的な予防医学を忘れ、病気になったら医者にかかり、薬を飲むという見かけだけのコストパフォーマンスを選択した。その結果が高血圧ですら完治できない。免疫障害はほぼお手上げである。世界一の長寿国は10年前後もの寝たきりと、その介護で支えられている。

高度医療を受けられることに人間としての成功があるわけではないと、私は長い間ひそかに考えてきた。高度医療を受けなくてもすむような、自分の健康は自分の頭脳と感性で日々コントロールする、病気にかからないように腐心することの方がはるかに民度が高いと言えるのではないか。その土台は改めて言うまでもなく伝統なのである。

私が学生の頃、この国では「保守」と「革新」という言葉がせめぎ合いをしていた。当時の雰囲気は明らかに、保守＝伝統＝時代遅れ、との図式に思えた。そのように革新的な新聞、マスコミは世論誘導していた。だが、私には真の保守こそ真の革新ではないかとの思いがあった。

当時、私の産湯《うぶゆ》が生地の洞爺湖《とうやこ》温泉だったとはいえ、まさか温泉研究に人生の半分以上を費やすことになろうとは夢にも思わなかった。だが、温泉観光学、温泉文化学、温泉医学と進む中で、現代医学の前にはあまりにも時代遅れのように見える温泉の中に、真の革新性を見いだすに至っている。温泉には予防医学としての医療の本質がある。急がば回れを切り捨ててきたからこそ、人生最後の完成期に10年前後もの寝たきり、長期介護が待ち受けているのだとしたら、「民族のＤＮＡ、伝統と改めて向き合う時代がいよいよ来た」ということではないだろうか。

温泉で〝万病の元〟の活性酸素を抑制、無害化する

◇活性酸素は生活習慣病につながる

ヒトの体内でのエネルギー代謝の際に産生される活性酸素の他に、さまざまな活性酸素産生の原因があるような環境下で現代人は生活している。その大半は私たちの生活が便利で楽になればと追求してきた現代科学文明の産物でもある。

活性酸素のもとになるものとしてよく知られているものに強い紫外線、放射線がある。激しい運動や強いストレス、不規則な生活なども活性酸素の原因となる。タバコや過剰な飲酒。車の排気ガス、工場の排煙、ダイオキシンなどの環境汚染。農薬、抗がん剤などの化学合成物質。合成保存料や発色剤、漂白剤などの食品添加物。濾過・循環方式の入浴施設に使用される塩素系薬剤なども非常に酸化力のある活性酸素のもとである。

ヒトの体内にはこのような活性酸素を無害化する酵素が備わっているのだが、それ以上に過剰に活性酸素が日常生活の中で産生され、それが原因となる生活習慣病と闘っているのが現代社会の現状ともいえる。

本来、活性酸素は体内で還元され無害化されて水として体の外に排出される。だが、それが蓄積し、変成することがある。具体的には細胞を酸化し、変成させ、細胞膜を破壊する。これを酸化ストレス状態という。ミトコンドリアやＤＮＡを傷つけ、がん化にもつながる。

感染症と異なり、生活習慣病は私たちの毎日の生活習慣がもたらした疾病で、近年、それが慢性化し、現代医学で手に負えなくなってきているのが現状である。代表的な生活習慣病として、がん、糖尿病、動脈硬化症、高血圧症、心筋梗塞、脳卒中、肥満症などが挙げられる。

◇酸化ストレス度測定（d-ROMs test）

活性酸素等により生体の酸化反応と抗酸化反応のバランスが崩れ、酸化状態に傾いて、生体が酸化的障害を起こすことを〝酸化ストレス状態〟というが、老化、及び生活習慣病

図表 12　d-ROMs test の結果による酸化ストレスの総合評価

ROM level		Oxidative stress
(CARR U)	(mg H_2O_2/dL)	(Severity)
300 〜 320	24.08 〜 25.60	ボーダーライン
321 〜 340	25.68 〜 27.20	軽度の酸化ストレス
341 〜 400	27.28 〜 32.00	中程度の酸化ストレス
401 〜 500	32.08 〜 40.00	強度の酸化ストレス
>500	>40.00	かなり強度の酸化ストレス
正常範囲：200 〜 300 CARR U I CARR U is equivalent to 0.08 mg H_2O_2/dL		

（『生物試料分析』32(4)、2009 より引用）

の大半は活性酸素による酸化ストレス状態から始まると考えられている。ヒトばかりでなく生物にとって、健康長寿でいられるために酸化ストレス防御系は極めて重要である。

入浴モニターの湯治前と湯治後の酸化ストレス防御系を評価するために、先の「抗酸化力」(BAP test) に引き続き、「酸化ストレス度」(d-ROMs test) を測定した。

酸化ストレス度を測定する「d-ROMs test」は、生体内の活性酸素・フリーラジカルによって産生された血液中のヒドロペルオキシド (R-OOH：活性酸素・フリーラジカルにより酸化反応を受けた脂質・タンパク質・アミノ酸・核酸などの総称。酸化ストレス度のマーカー) の濃度を呈色反応で計測し、数値化して、生体内の酸化ストレス度を総合的に評価するもの。

【図表13】を見ると、十津川温泉「3泊プチ湯治モニター」21名の平均で、湯治開始前の395 CARR U（中程度の酸化ストレス度）から、湯治終了後には331 CARR U（軽度の酸化ストレス度）と、活性酸素代謝物量が約15％も減少した。（なお単位はCARR U＝ユニット・カールが用いられ、1 CARR UはH_2O_2（過酸化水素）0.08mg/dLに相当する。）【図表12】は活性酸素代謝物のレベルと酸化ストレス総合評価である。

【図表13】でモニターを個別に見ると、湯治開始前に活性酸素が正常値にあったのは1名（全体の4・8％）であったのに対して、わずか3日間の湯治終了後には8名（38・1％）と大幅な増加を見た。また全体の95％ものモニターの活性酸素が減少した。還元作用に優れた十津川温泉での短期湯治で、活性酸素を効率的に減少させられることがわかったのである。

硫黄泉は万病に効くと言われてきたが本当か？

昔から「硫黄泉は万病に効く」と言われてきた。活火山が狭い日本列島にひしめく日本では、まさに硫黄泉こそ日本の温泉の個性、特徴といえる。

図表13　十津川温泉「3泊4日プチ湯治モニター」の活性酸素代謝物の増減

	年齢	湯治前の活性酸素代謝物	湯治後の活性酸素代謝物
1.	73	402	383
2.	65	390	335
3.	67	369	422
4.	72	531	225
5.	59	354	287
6.	71	319	311
7.	40	353	311
8.	60	327	271
9.	60	257	223
10.	35	322	232
11.	55	490	373
12.	62	446	402
13.	38	436	225
14.	65	323	307
15.	66	347	330
16.	26	581	523
17.	58	349	261
18.	54	432	361
19.	53	304	276
20.	67	506	434
21.	63	460	449
平均	58	395	331

単位：CARR U

かなり強度の酸化ストレス（501以上）
強度の酸化ストレス（401～500）
中程度の酸化ストレス（341～400）
軽度の酸化ストレス（321～340）
ボーダーライン（300～320）
黒字のみは正常（299以下）

図表14　高湯温泉「2か月週2回通い湯治モニター」の活性酸素代謝物の増減

		年齢	湯治前の活性酸素代謝物	湯治後の活性酸素代謝物
1.	男	24	273	253
2.	女	29	297	158
3.	男	32	271	175
4.	女	51	439	234
5.	男	53	401	334
6.	女	53	349	295
7.	男	55	223	319
8.	女	58	375	204
9.	男	58	354	306
10.	女	59	369	287
11.	男	59	419	216
12.	女	60	318	301
13.	男	61	524	288
14.	女	62	464	321
15.	男	62	409	522
16.	女	62	245	210
17.	男	62	338	284
18.	女	62	306	390
19.	男	64	448	236
20.	女	65	276	250
21.	男	66	389	316
22.	女	66	435	366
23.	男	66	412	239
24.	女	72	247	286
25.	男	73	435	286
26.	女	78	443	473
平均		58	364	290

単位：CARR U

かなり強度の酸化ストレス
強度の酸化ストレス
中程度の酸化ストレス
軽度の酸化ストレス
ボーダーライン
黒字のみは正常

北海道寿都温泉の硫黄泉では凄い抗酸化能を確認したが、別の温泉地でも、硫黄泉の威力を改めて検証してみた。はたして硫黄泉で活性酸素をどれくらい減少させられるものなのか。

福島県の高湯《たかゆ》温泉は目下、東北で最も元気のいい温泉地のひとつである。ここの硫黄泉はpH2・8という強酸性。源泉は8、9本あり、すべて自然湧出で、しかも10軒の入浴施設まで動力に頼らず自然流下で配湯されている。理想的な姿だ。高湯の共同湯「あったか湯」で2か月の「通い湯治」を行ってもらった。自宅からの通い湯治だから、毎日の仕事はもちろん、食生活、喫煙、飲酒なども普段のままで、週に2回温泉へ通うことだけが日常と異なる。モニター26名の平均年齢は58歳。

高湯温泉で活性酸素が20%も減少した

湯治前が364（ユニット・カール）で、湯治後が290（ユニット・カール）と活性酸素代謝物は有意に減少した。モニター26名の平均で、わずか2か月で活性酸素が20%以上も減少し、【図表14】からもおわかりのように「適値」、つまり健康状態になってしまった。

江戸時代から療養の名湯と謳われてきた高湯の面目躍如といったところか。凄い湯力であ

図表 15　高湯温泉「2か月通い週 2 回湯治モニター」（個人）

	湯治前	湯治後
「かなり強度の酸化ストレス」（500 以上）	1 人（3.8%）	1 人（3.8%）
「強度の酸化ストレス」（401 ～ 500）	10 人（38.5%）	1 人（3.8%）
「中程度の酸化ストレス」（341 ～ 400）	5 人（19.2%）	2 人（7.7%）
「軽度の酸化ストレス」（321 ～ 340）	1 人（3.8%）	2 人（7.7%）
「ボーダーライン」（300 ～ 320）	2 人（7.7%）	4 人（15.4%）
「正常」（299 以下）	7 人（26.9%）	16 人（61.5%）

（2013 年 9 月 16 日～ 11 月 18 日に実施）

る。活性酸素を消去できるから「万病に効く」のである。高湯は温泉の化学的調査から見ても、わが国でトップ級と私は考えている。

個別のモニターの結果は【図表15】の通りである。

「2か月通い湯治モニター」はこのように顕著な効果が出た。湯治開始前には「正常値&ボーダーライン」は26名中9名（34・6%）であったのに対して、湯治終了時には20名、76・9%と大幅に増加している。また、湯治開始前に「中程度以上の酸化ストレス」は16名（61・5%）もいたが、終了時にはわずか4名（15・4%）と大幅に減少した。

なお、これまで各地で行ってきた検査によると、若年層ほど活性酸素代謝物が少なく、高齢者ほど多い傾向が認められた。つまり老化とは活性酸素が増えることと言い換えることができる。加齢とともに活性酸素を無害化する体内の抗酸化酵素が減少することを考えれば納得がいく。

湯治後の結果を考え合わせると、温泉浴で酸化ストレス度を減少、消去すると、加齢にともなう老化促進を抑制することが可能となりそうである。認知症、介護、寝たきり対策にも温泉が非常に有効と考えられる。

また温泉浴による活性酸素代謝物の減少、消去を検証すると、若い人ほど正常値に戻るのが早い。従って、具体的に病気にならないうち、つまり未病のうちに年に2、3回の2、3泊のプチ湯治を実行することで発症に至らないですみそうである。これこそ真の予防医学の考え方であろう。具体的に発病しないうちにどれだけお金をかけられるか、生き馬の目を抜くようなグローバルな競争が求められる21世紀、これが勝ち抜くための決め手のひとつと言っても過言ではないだろう。

健康力、生命力の弱い者が負けるのは生物学の掟《おきて》なのである。それを補うのが知恵なのだ。日本人が先人から受け継いできた温泉による予防という知恵を活用してほしい。昔と違って、現代は優れた温泉への交通アクセスも格段に良くなり、また選択肢も拡大している。

俵山で温泉の美肌効果を検証する

——皮膚の還元力と保湿力を高める温泉の底力

健康は人類の永遠のテーマである。多くの女性にとってはさらに美容が加わる。美容＝若々しさでもある。現代の日本においても然《しか》り。テレビのＣＭではサプリメントと化粧品の比率は年々高まっている。長い歴史を振り返ると、日本人には、温泉こそが、健康のサプリメントであり、美の源であった。

奈良時代の『出雲国風土記』（７３３年）にすでに、「一たび濯《すす》げば形容端正《かたちきらきら》しく、再び浴《ゆあみ》すれば、万《よろづ》の病《やまひ》悉《ことごと》に除《のぞ》こる」（この湯で一度洗えば容貌も美しくなり、重ねて洗えば万病すべて治癒してしまう）とあって、温泉の効能の本質が美と健康に集約されることを見抜いていた。

ここでは美肌造りの湯としての俵山温泉をいくつかの角度から科学的に検証することで、

温泉が効くことを美容の面から検証してみよう。

皮膚は目に見える臓器である。シミ、くすみ、たるみ、シワなどはそのまま見た目年齢に直結する。

デンマークで1826人の双子の調査をして、老けて見える人の方が寿命が短いという、ある意味ショッキングな研究結果が得られた。顔の老けと寿命は関係があるようだ。女性がシミ、シワなどにこだわるのは「いつまでも若々しく、健康でありたい」という人間としての本能であったことが科学的に確認された瞬間でもあった。

その意味では、温泉は昔から「若返りの湯」といわれてきており、とくに、溶存水素を含む還元作用、抗酸化作用に極めて優れた俵山の湯は、美容、若返りという女性たちの永遠のテーマに応えられる天然のサプリメントに違いない。

長州藩の由緒ある湯治場であった俵山で美肌を追求する

江戸時代には長州藩主毛利家直轄の湯治場として栄え、現在もわが国を代表する療養の温泉地、山口県長門市の俵山温泉。平安時代に発見されたと伝えられる二大源泉、「町の湯源泉」、「川の湯源泉」は中国地方では珍しい自然湧出泉だ。

なかでも町の湯源泉は江戸時代からリウマチの名湯として全国に知られてきたが、pH9・8のアルカリ性単純温泉だから、実は美人の湯でもある。

リウマチの名湯の陰に隠れて影が薄かった俵山温泉のもうひとつの顔、美人の名湯を科学的に解明するために、「4泊プチ湯治モニター」（2013年10月27日～31日に実施）と「3か月週2回通い湯治モニター」（2013年10月27日～2014年1月27日に実施）による実証調査を行った。

4泊プチ湯治のモニターは主に関西方面からの参加で、男女21名、平均年齢は62歳。3か月週2回通い湯治の方は県内、及び地元長門市内から応募した26名で、平均年齢は60歳である。

◇俵山で美白と肌の張りを高める――皮膚のpHと酸化還元電位を測定する

従来、皮膚の健康度をチェックする主な指標はpHであった。皮膚が弱酸性であることはよく知られている。皮膚から体内に侵入する細菌類などを防ぐためだ。ただ注意しなければならないことは、「酸性＝酸化」ではないということだ。よく使われる酸性、アルカリ性は酸性物の量（濃度）を表す。酸化の強弱は酸化還元電位（ORP）で表す。電子の濃度と言い換えてもいい。

水溶液中で酸としての働きを持つのはH^+だから、酸の強弱はH^+の量（濃度）で決まる。つまり酸の強さは水素イオン濃度で表すことができる。その数値がよく知られているようにpH値である。水素イオン濃度が濃い状態が酸性。pH7が中性で、これより数値が小さくなるほど酸性が強くなり、逆に数値が大きくなるとアルカリ（塩基）性が強くなる。ちなみにこの値が1違うと、水素イオン濃度は10倍違う。

健康な肌の適正値は弱酸性であるから、一般にpH4・5〜6・0前後の範囲と考えていい。脂性肌では酸性、乾燥肌ではアルカリ性に傾くことが知られている。石鹸、ボディーソープ、シャンプーなどはかなり強いアルカリ性だが、健康な皮膚であれば普通、2、3時間で弱酸性に戻る。また酸化した水道水（家庭風呂）に浸かった場合でも、数時間で元に戻ることが確認されているが、不健康な肌の人は戻りにくい。

ヒトの皮膚は弱酸性だが、同時に還元系でもある。従って、塩素系薬剤が使用されている水道水を沸かした家庭風呂や、温泉であっても濾過・循環方式の塩素殺菌風呂に浸かった後は、皮膚は酸化される。アトピー性皮膚炎などの人に塩素入りの風呂が好ましくないのはこのような理由からである。

俵山の湯は源泉でpH9・8と非常にアルカリ性が強く、また還元力を有した温泉である。この温泉で湯治すると皮膚のpH値や酸化還元電位がどう変化するかを検証した。

ヒトの皮膚は先に述べたように本来還元系であるが、加齢とともに酸化していく。皮膚のエイジング（老化）である。老化とは細胞が錆びること、酸化することだともいえる。

紫外線によって生み出された活性酸素から肌を守るメラニン色素。新陳代謝で角質層がとれるが、紫外線を浴びすぎたりすると過剰にメラニンが産生され、それが沈着すると色素がシミになってしまう。シワは肌を支えるタンパク質、コラーゲンやエラスチンが活性酸素がもとで一重項酸素によって酸化された結果である。

後に触れるが、温泉浴によって得られるＨＳＰ（Heat Shock Protein＝ヒート・ショック・プロテイン、熱ショックタンパク）、及び抗酸化作用によって、紫外線による肌の酸化や炎症反応を防御、抑制できる。

まず水素イオン濃度（pH）の実証実験結果を見よう。

湯治後に皮膚のpHは減少した

「プチ湯治モニター」は湯治前がpH5・4で、湯治後には平均でpH5・0と減少傾向に

図表16　皮膚の酸化還元電位の変化（俵山温泉）

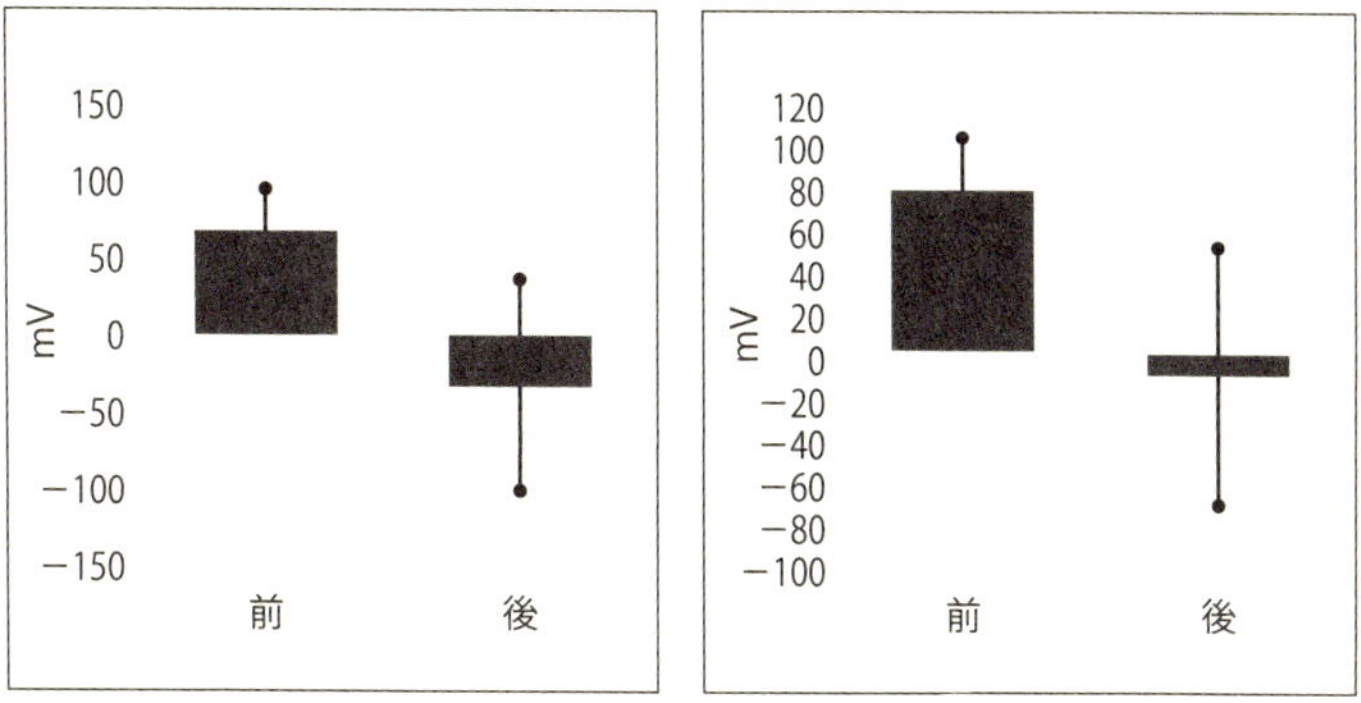

４泊プチ湯治モニター　　３か月通い湯治モニター

なった。一方、「通い湯治モニター」の方は、湯治前がpH５・２で、湯治後がpH４・7と減少した。

このように皮膚のpHは湯治後に酸性へ傾くことが明らかになった。これは俵山の、pHが10に近い強いアルカリ性の源泉にふれることで、皮膚のアルカリ中和機能が働き、脂性肌に傾いたと考えられる。皮膚のエイジング（老化）やアトピー性皮膚炎などの炎症状態ではアルカリ中和能は低下することが知られているが、俵山での温泉浴はアルカリ中和能を高め皮膚のアンチエイジングに有効であることを示唆している。

次に皮膚の酸化還元電位を見てみよう。

湯治後に肌の還元力が顕著に高まった

「プチ湯治モニター」の酸化還元電位は湯治前

が70mVで、湯治後が−33mVと有意に減少した。つまり、美白力、肌の張りが強化されたのである。一方、「通い湯治モニター」は湯治前が80mVで、湯治後が−9mVと、こちらも有意に減少した【図表16】。

外出しているとき、戸外で仕事をしているとき、車の運転をしているときなど、もっとも紫外線を浴びやすい手の甲の酸化還元電位を測定した結果である。

ちなみに東京や大阪の水道水の酸化還元電位は夏場で＋700mVを超えるといわれている。地方でも＋500mV台が普通である。濾過・循環方式の温泉入浴施設では＋600mV前後のケースが多い。これらは塩素（次亜塩素酸ナトリウム）という酸化剤を投入して、活性酸素の破壊力で大腸菌など菌類の細胞を破壊し無害化している。従って、アトピー性皮膚炎などの人はこうした施設は避けるのが無難である。

一般に塩素殺菌していないミネラルウォーターの酸化還元電位は＋200mV強であることが多く、大雑把な目安としてほぼこれより上の数字を酸化系、下の数字を還元系と考えておいてもいいだろう。厳密にはpHや温度との関係もあるが、−100mV以下の還元力がある新鮮な温泉を浴槽全体にかけ流しで提供している施設がまだ全国に散見されるのは心強いかぎりだ。

モニターの湯治前の酸化還元電位からもわかるように、ヒトの皮膚は還元系である。皮膚のpHが弱酸性で、かつ還元系にあるということは、皮膚から細菌類の侵入を防御するためである。

俵山の湯で皮膚の酸化還元電位が顕著に減少したことが確認できた。俵山温泉の源泉はわが国屈指の還元力、抗酸化力を秘めているだけに、そのパワーが反映される結果となった。その原因は硫化物、水素分子、鉄（Ⅱ）イオンなどの還元剤の作用が強いためである。

このような還元剤は入浴中に単にヒトの皮膚にふれるだけではなく、皮膚の下の結合組織から血液、リンパ液に入り、全身の細胞へ運ばれる。従って、皮膚の還元力が増しただけでなく、すでに確認したように体内に入り、老化、疾病の原因となる活性酸素を消去、抑制する。

一方で、同じ湯を循環させて何度も使い回したり、塩素系薬剤などで酸化され、エイジング（老化）の進んだ温泉では、このような還元剤は体内へ取り込まれないことが確認されている。

もちろん皮膚の酸化還元電位が低下する、つまり還元力が高まるということは、特に女性の肌にとって最大の敵である紫外線に対する抵抗力が増すということであるから、俵山は美肌、美白を願う女性には頼もしい温泉のひとつであると考えられる。抗酸化力が高いので、シミ、シワのできにくい温泉ということも可能である。

◇皮膚細胞の新陳代謝こそ、美容の必須条件――末梢血管の血流速度を測る

本来、体の隅々まで行き渡っているはずの血流が滞ると、さまざまな症状が現れてくる。血流を司る自律神経系が正常に稼働しなければ免疫系も本来の機能が果たせなくなる。低体温になると、夏でも発汗もままならなくなり、体内の有害物質や老廃物の解毒作用が滞り、血流障害に陥りかねない。全身の細胞に新しい酸素、栄養を届けるうえでも障害となる。

足の裏が硬くなるのも血流障害が長く続いた結果の線維化だ。組織が固まったのである。日常生活の中では、消炎鎮痛剤、降圧剤、ステロイド剤、入眠剤などの薬の常用は血流障害の原因となる。低体温化は免疫系はもちろん、自律神経系、ホルモン系のバランスを崩し、新たな症状を引き起こす。薬の副作用といわれているものである。

質の高い温泉、還元力のある温泉での入浴は、血流を増し、体の新陳代謝を促進し、細胞を生き生きとさせる。それが健康にだけではなく、美容にもつながるのは当然のこと。

温泉浴で血流が促進される。これは美容の基本

温泉浴効果のもっとも上位に置かれているのは温熱作用である。特にわが国では古来、40度以上の高温泉での全身浴を習わしとしてきたことを考えると、温熱効果を重視してきたことが推察できる。しかもこのことは至極賢明な選択であったと思われる。

含有成分、温熱作用などによって血流が促進されると、代謝が活発になる。温泉は浴後も保温力があるので、その効果は長く持続する。しかも鮮度の高い、つまり還元作用が強く、抗酸化力のある俵山のような温泉では、血流量が増加し、それだけ新陳代謝が促進されるものと期待できる。全身の細胞に新しい酸素と栄養分が行き渡り、老廃物などはデトックス（解毒）される。自律神経のバランスが整い、体温も上昇する。

温泉に浸かり舌下温度が38度以上、できれば38・3度以上に上昇できれば、HSPという細胞のタンパク質を強化できることが確認されている。活性酸素によって酸化し傷ついた細胞のタンパクを加温することにより、その傷を修復する。タンパク質の変性がひどく修復できない場合は、その細胞を枯れ葉が落ちるようにアポトーシス（自死）へ導くことで傷害が残らないように働く賢いタンパクだ。

図表17　最高（収縮期）血流速度の変化（俵山温泉）

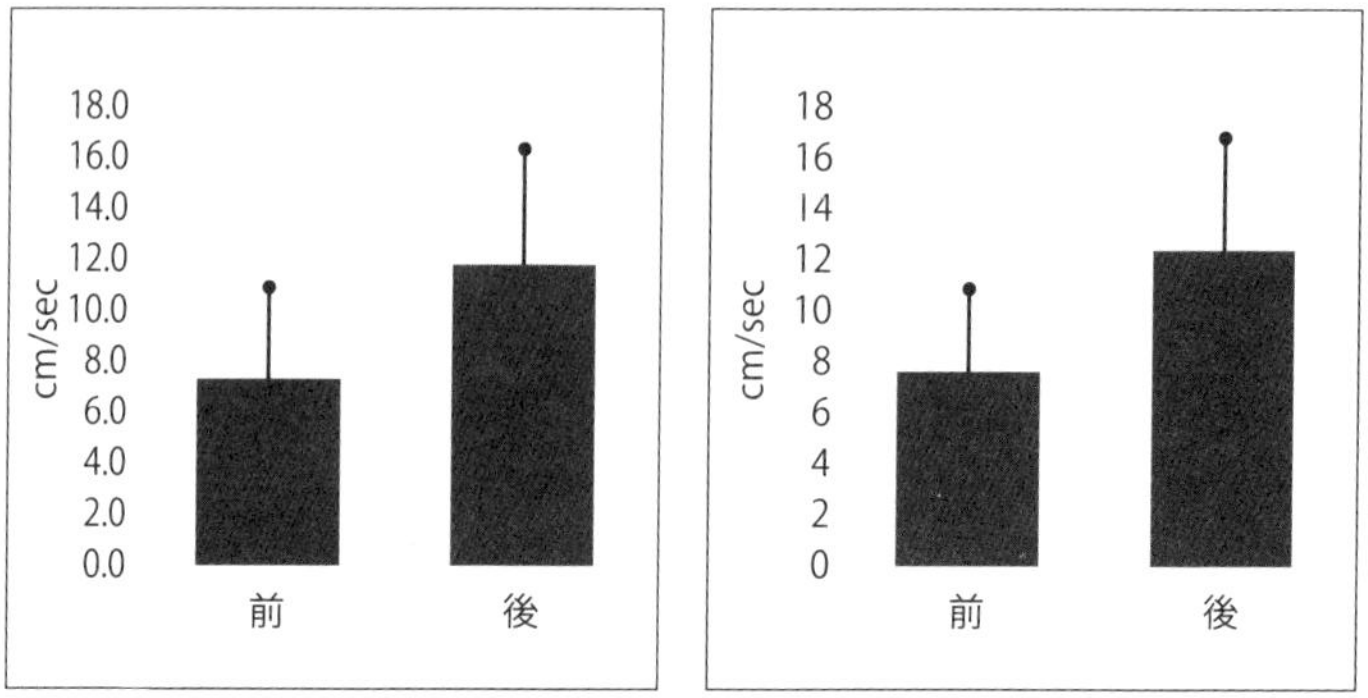

４泊プチ湯治モニター　　３か月通い湯治モニター

高温の温泉浴は日本の女性の美容にも役立っていたことは、マウスの実験により明らかになっている（水島徹『ＨＳＰと分子シャペロン』ほか）。紫外線を当てる前に42度の温水にて浸けてＨＳＰを増やしたマウスは、肌にシワができなかったのに対して、37度の温水に浸からせたマウスでははっきりとシワができた。つまり血流量の増加、体温の上昇によって、ＨＳＰを増やしたマウスはシワの予防に成功したのだ。ＨＳＰ70と呼ばれるタンパクである。もちろん日本人も、現在のように化粧品ではなく、かつては湯治によって肌のシミ、シワの防止を行っていたのである。

　日本人は湯治によって、美容だけでなく、健康を維持したり、病気の予防、つまり予防医学を実践していた。ＨＳＰは１９６２年にイタリアの科

図表18　平均血流速度の変化（俵山温泉）

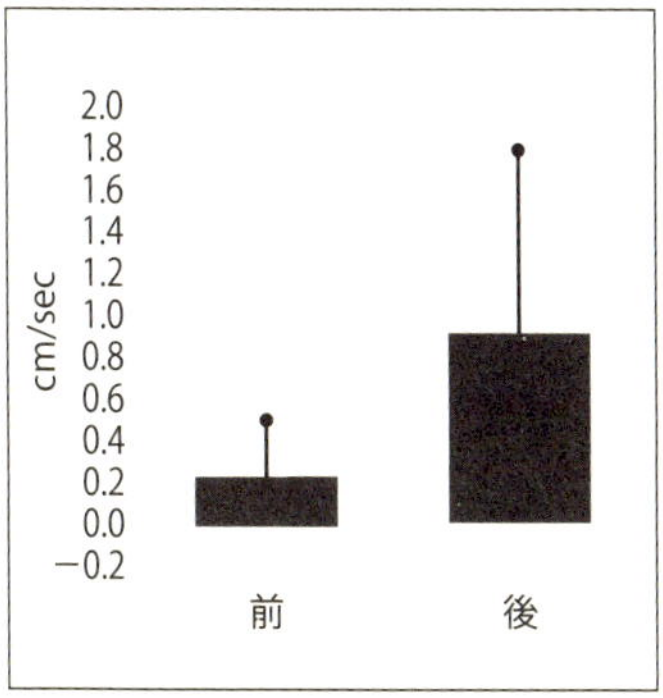

4泊プチ湯治モニター

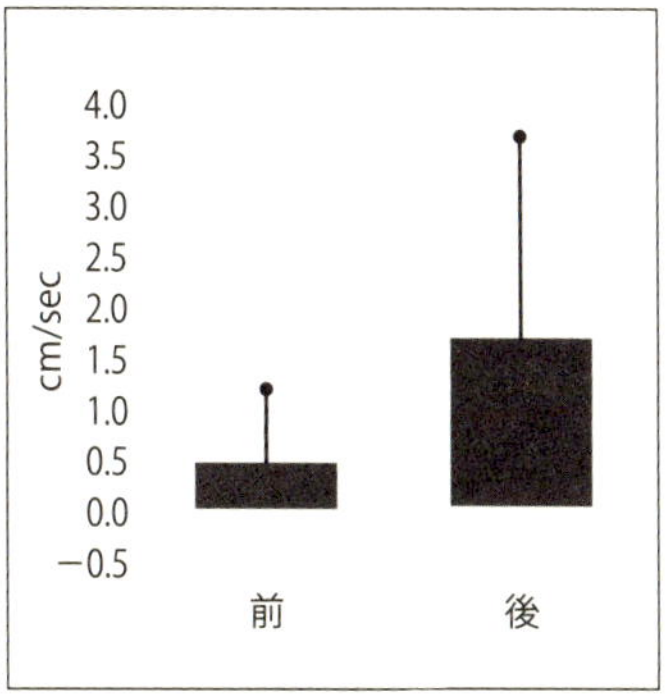

3か月通い湯治モニター

学者F・リトッサ博士によって発見されたタンパク質であるが、現在までにHSPの予防医学的な効果として確認されている主なものを挙げておこう。

・HSPが増加すると血糖値が低下する
・うつ病になるとHSPが低下する
・リンパ球が増加し、NK（ナチュラルキラー）細胞などの免疫細胞が活性化する
・抗原提示能（免疫反応を起こす細胞の能力）が10倍以上に上昇する
・免疫細胞のマクロファージが活性化し、細菌やウイルスを攻撃する
・炎症を抑える
・中性脂肪が減少する

・シミ、シワが減少する
（以上、伊藤要子『HSPが病気を必ず治す』ほか）

血流に関する俵山での実証実験での結果は、以下の通りであった。

俵山の還元力のある湯で血流速度が大幅に改善

⑴　最高（収縮期）血流速度【図表17】
「プチ湯治モニター」の血流速度は湯治前が7・4センチ／秒で、湯治後が12・0センチ／秒と有意に上昇した。一方、「通い湯治モニター」の方は湯治前が7・6センチ／秒で、湯治後が12・3センチ／秒と、こちらも有意に上昇した。
⑵　平均血流速度【図表18】
「プチ湯治モニター」の平均血流速度は湯治前が0・2センチ／秒で、湯治後が0・9センチ／秒と有意に上昇。一方、「通い湯治モニター」の方も、湯治前が0・5センチ／秒で、湯治後が1・7センチ／秒と有意に上昇した。

このように末梢動脈の血流速度に関して、最高（収縮期）血流速度と平均血流速度はと

図表19　湯治による皮膚水分量の変化（俵山温泉）

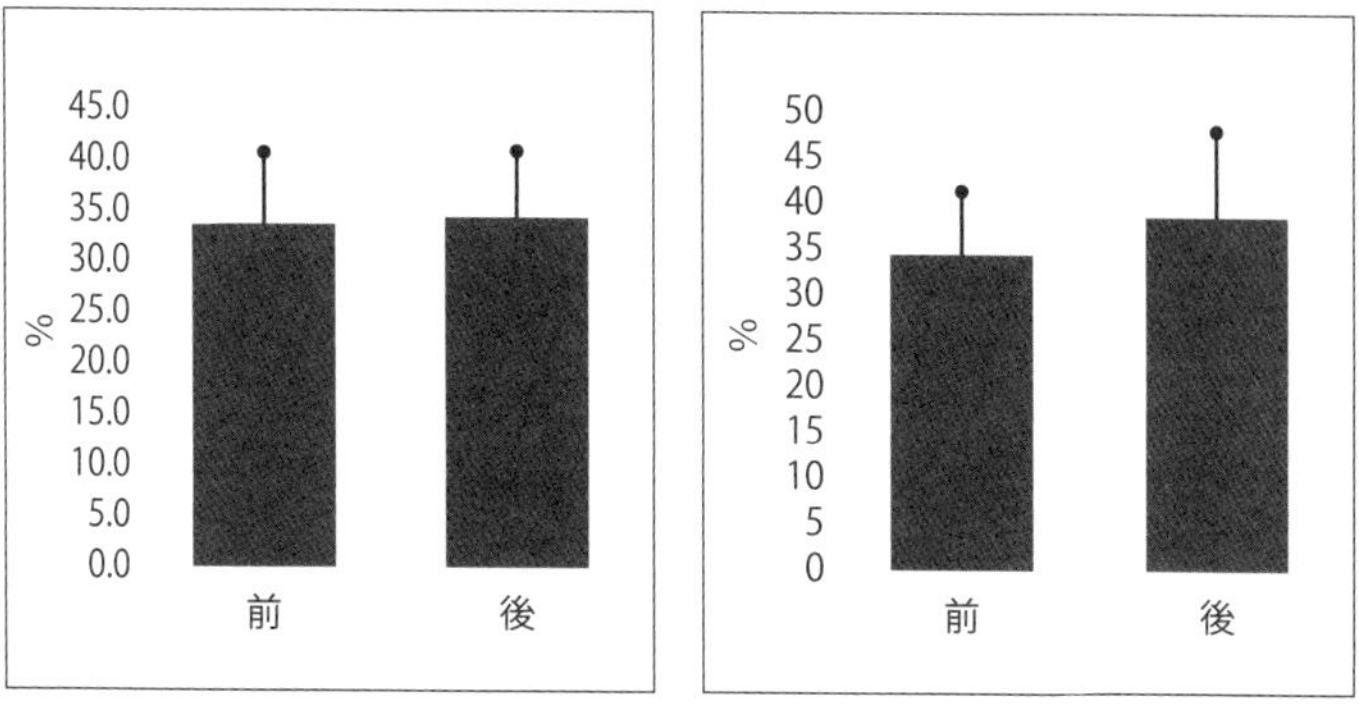

4泊プチ湯治モニター　　３か月通い湯治モニター

もに顕著に上昇した。

自律神経の副交感神経が優位になったことで、動脈平滑筋細胞の弛緩作用が起こり末梢血管抵抗が減少したためだろう。湯治による正常な体温の安定的な維持によって副交感神経が優位となり、末梢血管の血流速度の上昇をもたらした。このことは老化や生活習慣病の原因となる活性酸素の減少や美白、美肌効果へつながるものと考えられる。

温泉浴で、皮膚水分量が大幅に増加した！

皮膚の水分は特に女性には欠かせないものであるが、老化とは枯れること、すなわち体から水分が失われることであるから、男性にとっても保湿は気になる。

みずみずしい美肌にとって大切なことは、強い紫外線を浴びて顔にメラニン色素が沈着してシミができたり、皮膚のコラーゲンが破壊されてシワができることを防ぐことである。紫外線を防いだり、活性酸素（一重項酸素）による皮膚細胞の酸化を抑える抗酸化力を高めたりする等の対策が必要となる。この点についてはすでに触れたように、温泉浴でHSPを増やし、同じく温泉浴や食生活で抗酸化力を高めることで皮膚のエイジング（老化）の進行を抑制し、防ぐことができる。

「4泊プチ湯治モニター」では湯治前の水分量が33・9％で、湯治後が34・7％と増加傾向を示した。一方、定期的に入浴する「3か月通い湯治モニター」の方は湯治前が34・4％で、湯治後が38・9％と有意に増加した【図表19】。

ヒトの皮膚の水分量の基準には開きがあり、おおよそ10～60％である。皮膚は表皮、真皮、皮下組織の3層構造をとっており、さらに表皮は皮膚膜や角質など複数の層で構成され、これらが異物の侵入や水分の蒸発を防ぐバリアとしての機能を果たしている。

特に女性には気になる皮膚の水分量は「4泊プチ湯治モニター」では増加傾向、定期的に週2回入浴する「3か月通い湯治モニター」では何と10％以上も増加した。なお後者の平均年齢は60歳であった。入浴の発汗作用により一時的に水分は失われることもあるが、温泉浴によって体の健康状態を高めることで水分量が増加したのである。しかも俵山温泉の泉質は、いま説明したバリア機能を破壊することなく、保湿能を高める効果があると考えられる。また湯治によって皮膚バリア機能が高まった可能性も示唆される。

昔から温泉は「若返りの湯」といわれてきた。内面から健康的になり、皮膚細胞もみずみずしくなるからである。老化とは枯れること、体の水分が失われることだから、俵山のように還元力のある湯は細胞を活性化してくれるし、「若返りの湯」というにふさわしい効果があると言える。

若い人の水分量はみるみる増加する!?

テレビのCMなどを見るにつけ思うが、皮膚の水分量は女性にとって悩みの種であるようだ。実は先に紹介した北海道の寿都温泉で、私が勤務していた札幌国際大学のゼミ生、男性6名、女性7名の合わせて13名（平均年齢22歳）で、「温泉と美容」について検証をしたことがある。町の青少年研修所で2泊3日の集団生活をしながら、この間1人平均5回の入浴をした。季節は北海道では秋口の9月上旬である。

最高（収縮期）血流速度が湯治前の9・6センチ／秒から2日後には17・7センチ／秒に、平均血流速度は2・1センチ／秒から4・4センチ／秒と、若さ故の大幅な改善を示し、

図表20　血流量・皮膚水分量の変化（寿都温泉）

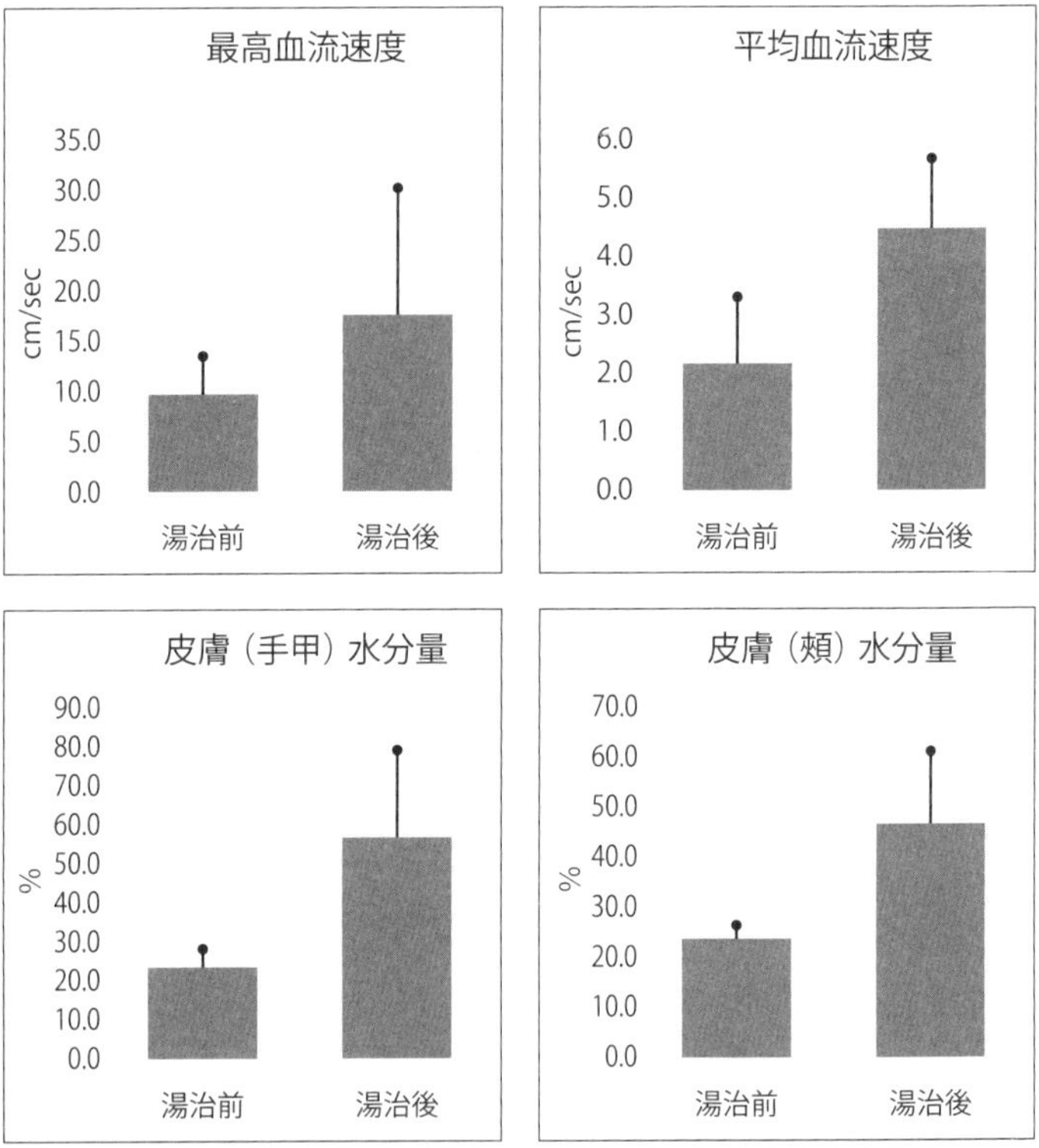

2泊3日プチ湯治モニター（2014年9月7日～9日に実施）

正直うらやましく思ったほどだ。もっと凄かったのは水分量。手の甲の水分量が湯治前の22・9%から、なんと55・5%と2・5倍近くにも増えたのである。さらに顔の頬の水分量まで22・6%から、45・4%と2倍になった【図表20】。

入浴法、湯上がり後の脱衣場での過ごし方、水分の補給法など、松田ゼミの研修を受けての実証体験だったが、ここまでの劇的な美肌力アップにつながるとは、正直予測できなかった。ただ、彼らの他の検査でもレベルの高い湯に集中的に入ることで、同じように劇的な改善を見た。つまり還元力のある温泉は健康だけでなく、美容にとっても極めて有効なのである。若ければ最短2連泊で、絶大な効果が約束されそうである。

もっとも乾燥する季節での検証でも、俵山は期待に応えた

皮膚の乾燥は外気の湿度の増減に敏感に反応する。秋や冬は外気が乾燥し、皮膚も乾燥肌になりがちなことは女性なら誰しもが実感している。また、外気ばかりでなく、室内の空調(冷暖房)によっても簡単に左右される。特に顔の皮膚は薄いため、水分が蒸発しやすいので注意しなければならない。

俵山での先ほどの実証実験は外気が乾燥する10月下旬に始まった。「プチ湯治」実証実

験が行われた10月27日から31日にかけては日本海に近い山あいの俵山はすでに冬の始まりで、朝晩と昼間の寒暖の差は大きかった。また「通い湯治モニター」の期間は10月27日から翌年1月27日までの真冬で、1年を通して皮膚がもっとも乾燥する季節と重なった。

つまり皮膚の保湿にとってもっとも厳しい期間での実証調査にもかかわらず、皮膚の水分量が有意に増加を見たのは俵山温泉が美肌の湯であることを科学的に実証したといえる。これこそ温泉の底力か。昔、湯治客は地域によっては女性の方が多かったといわれる。日本の賢い女性たちは湯治場で疾病の予防と美肌力に磨きをかけながら、1週間単位の骨休みを楽しんでいたのである。これぞよき時代の日本である。いや、本書を読まれた皆さんは今からでも遅くはない。思い立ったら旬なのである。

◇抗酸化力に優れた俵山温泉でアンチエイジング——俵山、50歳からの美肌力

かつては病気を治癒することが湯治の目的であったが、医学が高度に発達した現代では、予防医学と、さらには現代医学では治癒しがたい慢性病やアレルギー性疾患の治療、及び美容が湯治、温泉浴の主たる目的となると思われる。

現代医学で皮膚のエイジングに関して解明されている主な説を挙げておこう。シミ、シ

ワ、たるみなどの大きな原因は加齢ではなく、紫外線である。くすみの一番の原因は血行不良だが、シミ、シワの影響も受けているといわれる。

紫外線による老化を光老化と呼ぶ。日常的な予防としてはいかに紫外線を防ぐかに尽きる。スキンケア化粧品の医学的効果はほぼ2点に尽きるといわれている。紫外線をカットして、美白を保つこと、及び保湿。

肌のうるおいはわずか0・02ミリの角質層（角層）に守られており、皮脂、天然保湿因子（NMF=Natural Moisturizing Factor）、それに角質細胞間脂質（セラミド）の3物質のバランスによって保たれている。皮脂の水分が2〜3％、天然保湿因子が17〜18％、角質細胞間脂質が残り80％前後を占める。

入浴の際に注意しなければならないことは長時間浸からないこと、石鹸、ボディーソープなどで洗い過ぎないことである。うるおいのある角質層を守る、水分の発散を防ぐ防波堤の役割をしている皮脂膜が流されると、皮膚は乾燥することになる。

私たちの体の皮脂と温泉成分ですでに天然の石鹸ができあがっているので、還元系の本物の温泉ではあえて体を洗い流さなくてもいい。洗う必要がある場合は、いつもより軽く流す程度で十分。湯上がり後、15分程度以内には保湿剤などを使用する。

温泉とスキンケア化粧品との決定的な違いは、温泉は心身の健康力を高めることによって、内からも美肌力、美白力を磨き上げることだろう。見せかけではなく真の美肌を作り出すのである。温泉浴によるＨＳＰの産生や俵山温泉レベルならではの還元作用、抗酸化作用によって、体内の活性酸素を抑え、無害化する。それがまた免疫細胞の活性化につながる。もちろん温泉浴は末梢血管の血流速度も増し、新陳代謝により体の隅々の細胞に酸素と栄養を行き渡らせ、老廃物の解毒（デトックス）を促進する。

一方で、非日常の温泉地に来ることで転地効果により、また温泉に入ることで、緊張の交感神経からリラックスの副交感神経が優位になり、自律神経のバランスが整えられる。こうしたことが、美容力を高めるための環境づくりになる。もちろん温泉旅館での上げ膳据え膳のサービスを受ける満足感も女性の美容力をバックアップする。血流が促進され、副交感神経が優位になり体温も上がると、ＨＳＰ70が活性化する。先に触れた美肌効果を高めるタンパクである。

気の置けない女友達と2、3人で還元力のある温泉に連泊して、美肌に磨きをかける――。このようなポジティブな姿勢こそ、日本人であることの幸せを実感する瞬間かもしれない。

◆温泉利用の原点

体を洗わず心を洗う本来の湯治の姿

◇入浴客によって壊されつつある昔ながらの湯治入浴スタイル

なぜ、われわれは温泉へ行くのだろうか？　体を洗い流すのなら、家庭の風呂で十分だろう。病気を治すなら、今の時代、保険も利く病院へ行った方が手っ取り早いに違いない。はるばる北海道や九州の温泉へ行き、洗い場のシャワーに直行している旅行者が意外に多い。

わざわざ秘湯にまで行って露天風呂で体を洗っているとしたら、もったいないことだと思う。非日常を求めて旅に出たのにわれわれの頭そのものが日常のままだから、風呂の入り方すら切り替えることができないでいる。もっぱら環境や相手にばかり非日常を求めているからだ。

札幌市郊外の豊平峡温泉の露天風呂。ゆったりできる造りになっている

「温泉の原点は湯治です――」。昔ならごく当たり前の言葉であったが、今でもこの基本を大切にしている温泉経営者と出会うことが時々ある。湯質や自然環境などに気を配りたいというのである。温泉の原点は湯治。この言葉の意味を、今われわれ入浴者こそが考える必要がある。温泉と日本人の長い関わりの歴史を思い出すまでもなく、入浴者自身にとっての言葉であるということだ。

どこかの湯治場をイメージしてほしい。たとえば青森県の酸ヶ湯《すかゆ》温泉。広さ80坪もある総ヒバ造りの「千人風呂《せんにんぶろ》」で、頭や体を洗うことに専念せず、湯に浸かったり、洗い場に横になったり、会話を楽しんだり、本物の温泉場ならではのぜいたくな時が漂っているはずである。

ぜいたくといえば、手始めに温泉に行ったら洗わないことのぜいたくさを堪能してみてほしい。それがわれわれの湯治の流儀の原点であったはずだ。

◇湯浴みを楽しむぜいたくな入浴

温泉の湯質そのものにこだわり、本来のぜいたくさを味わいたいからだというより、むしろ心を清浄にすることが豊かさにつながることを、われわれの祖先は古来知ってきた。何万円も宿泊料を払うのだから、からだをいつにも増して洗い流さなければソンと考えるのか、洗う作業をすることによって、本来、温泉で得るはずのものまで失ってしまうのか――。

私は札幌市郊外の定山渓《じょうざんけい》温泉の目と鼻の先に住んでいるが、近くの日帰り温泉施設「豊平峡温泉」で面白いことに気づいた。

この施設の経営者は大変な勉強家で、泳ぎ出したくなるような大露天風呂も含めて、温泉の生命線である湯質にとことんこだわっている。日帰り入浴料は1000円と北海道スタンダードからすると高いうえ、建物も立派とはいえない。にもかかわらず入浴客の60％

以上が若い男女で盛況なのだ。しかも彼らは皆ぜいたくな湯浴《ゆあ》みを楽しんでいる。それは、まさに頭や体を洗うことより心を洗うことの方を優先させているふしがあるからだ。一級の温泉と雰囲気が、どうも若い人たちをシャワーに向かうことを忘れさせてしまっているのである。

1300年前の『出雲国風土記』に記された温泉DNA

◇神事だけでなく、その効能からも身を清める際に重宝された温泉

天皇が御身体を清められる水を斎川水《ゆかわみず》という。斎はもともと身を清くする意の「清」からきていて身を清める神事の意である。

また斎《ゆ》は「湯」と同音で、禊《みそぎ》には冷水だけでなく、温泉やわかし湯が使われていたことがここにも表れている。世界文化遺産に登録された紀伊山地の熊野の湯《ゆ》の峰《みね》温泉や湯川《ゆかわ》温泉での湯垢離《ゆごり》（お湯で心身を清めること）が、鎌倉時代からよく知られていた。

その湯川温泉（和歌山県）は第22代清寧天皇が熊野行幸の折に発見されたというから、湯の峰同様に大変な古湯である。

『永久百首』に、源俊頼朝臣《みなもとのとしよりあそん》の歌としてここで湯垢離を取ったことを伝える一首が収

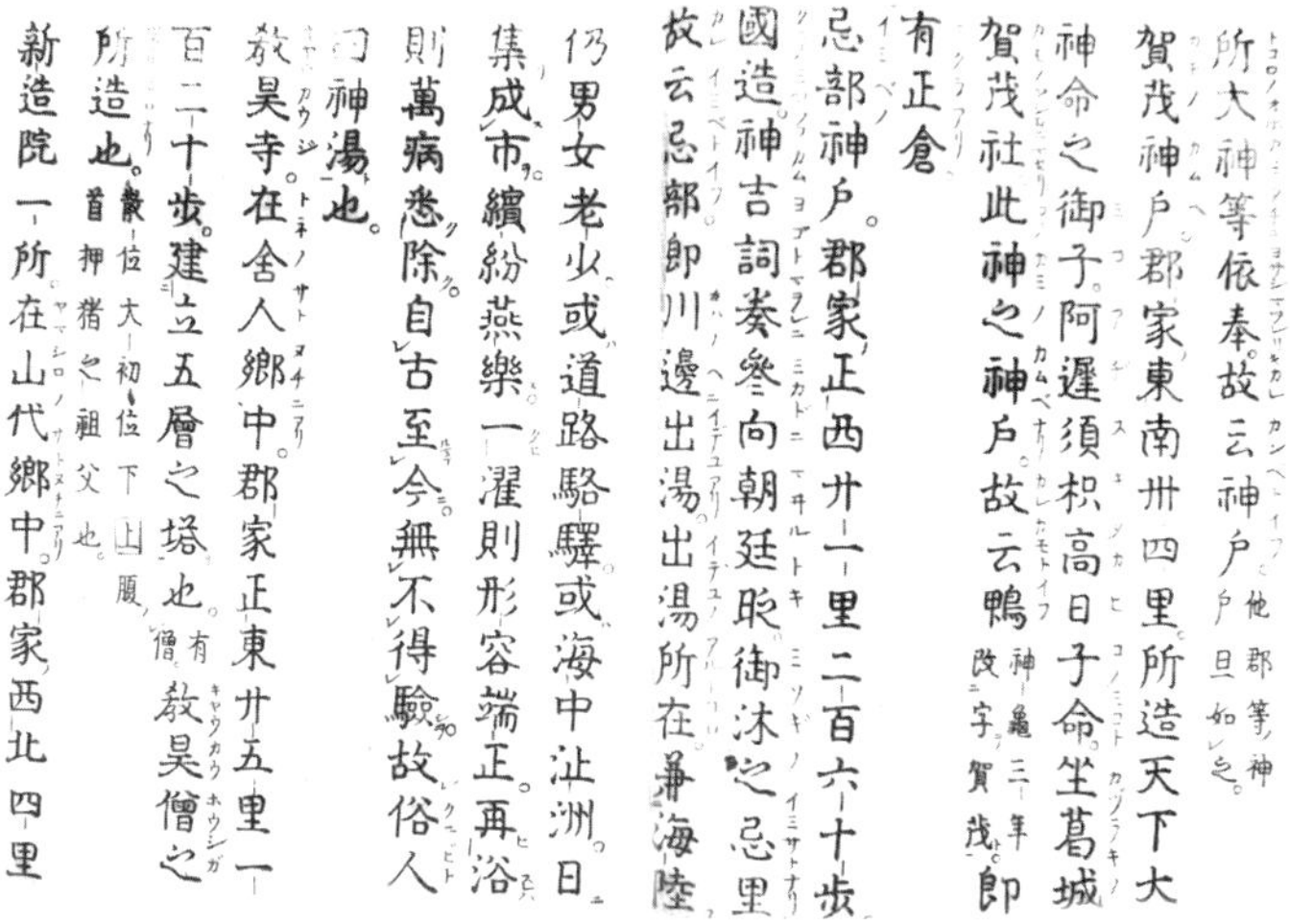
所大神等依奉。故云神戸。他郡等神戸且如之。
賀茂神戸。郡家東南卅四里。所造天下大
神命之御子。阿遅須枳高日子命。坐葛城
賀茂社。此神之神戸。故云鴨。神亀三年改字賀茂。即
有正倉。
忌部神戸。郡家正西廿一里二百六十歩。
國造神吉詞奏参向朝廷時。御沐之忌里。
故云忌部。即川邊出湯。出湯所在兼海陸。
仍男女老少。或道路駱驛。或海中沿洲。日
集成市。繽紛燕樂。一濯則形容端正。再浴
則萬病悉除。自古至今。無不得驗。故俗人
曰神湯也。
教昊寺。在舎人郷中。郡家正東廿五里一
百二十歩。建立五層之塔也。有僧。教昊僧之
所造也。散位大初位下上腹首押猪之祖父也。
新造院一所。在山代郷中。郡家西北四里

玉造温泉に関する記述。『訂正 出雲国風土記』（文化３年）より。著者所蔵

められている。

みくまの丶湯垢離のまろをさす棹《さを》のひろ
ひ行くらんかくていとなし

温泉が上代人に重んじられたのは、そこが禊の場所であったからだけではない。奈良時代にまとめられた風土記を読むとそのことがわかる。その代表格が『出雲国風土記』で、玉造《たまつくり》温泉（島根県）のことが次のように記されている。

川辺に温泉が湧いている。この温泉の出る所はちょうど海陸の景勝を兼ねた所で、男も女も老人も若者も、あるいは道路を往復し、あるいは海上を浜辺に沿って行き、

毎日のように集まって市場のような賑わいをなし、入りみだれて酒宴を楽しんだりしている。そしてこの湯で一度洗えば容貌も美しくなり、重ねて洗えば万病すべて治癒してしまう。昔から今まで例外なく効験を得ているので、世人はこれを神の湯と言っているのである（加藤義成『修訂 出雲国風土記参究』）。

天平年間、上代人は温泉で湯垢離（禊）をし、心身の穢れを清めただけでなく、温泉で病が治癒することも知ったのである。そこに新たな信仰心が芽生え、人々が神の湯と呼んでも何ら不思議はなかった。

◇万病に効くといわれた古い時代から今でも温泉は日本人の癒しの象徴

日本人にとって、温泉とはそのような存在であった。その血が脈々と流れ、受け継がれてきたのだ。それを〝温泉ＤＮＡ〟と呼んでもいいだろう。

われわれの先人は１３００年も昔に温泉の本質を語っていたのである。「病は気から」という諺が日本にはある。現代西洋医学がこれだけ発達しても、医療には『訂正　出雲国風土記』が語るところの神の湯としての、気を回復させる効能に対する信仰心も欠かせないことに日本人は気づいている。

たしかに現在、温泉は万の病ことごとく除けるものとは言い難くなった。が、一方で薬では癒しがたいストレスの解消、免疫力の向上をはじめとする温泉のもつ医学的役割は年々、高まるばかりである。

社寺参詣に隠された本当の理由

◇神聖なる社寺仏閣へのお参りは温泉行きのカモフラージュ？

幕府や藩が物見遊山の旅をおいそれとは認めなかったため、江戸時代の旅はほとんどが社寺仏閣への参詣、参宮だった。

庶民の信仰心に根ざした社寺参詣は神聖な宗教行為であるから、むげに禁止するわけにはいかなかったのである。なかでも伊勢参宮がもっとも優遇された。宝永2（1705）年、明和8（1771）年、文政13（1830）年の「おかげまいり（伊勢神宮への民衆の大量群参）」では、300万から400万人もが参詣したというからすさまじいというよりない。当時の人口の10％を超える数字であった。もっとも、皆が皆、伊勢参宮が目的ではなかったのである。

喜多村信節《のぶよ》の『嬉遊笑覧』（文政13〔1830〕年）にこうある。「今の人は、常陸の鹿島詣はしないで、まず第一に京・大坂・大和廻りをする。神仏に参るのは、ことのついでであって、旅の目的は遊楽にあるのである。伊勢参宮をするのも、上方見物の順路であったりするのであって、必ずしもそれが目的ではない」。

社寺参詣のほかに通行手形が得やすかったものに、病気治療のための温泉行きがある。温泉旅行といっても1、2泊だけの短期滞在は認められていなかった。箱根の湯本、芦之湯など箱根七湯での滞在単位はふつう三廻り（3週間）が基本だった。

つまり伊勢参りや富士山詣での目的で東海道を旅する途中、ちょっと寄り道をして湯本の湯に浸かるという具合にはいかなかったのだ。

江戸後期の文化・文政時代になると、伊勢講、富士講、大山講など、各種講集団の団体旅行が盛んになる。本来講集団は信仰を中心としたものだったが、お伊勢参りのついでの、京・大和の名所めぐりが欠かせないコースになっていた。

箱根湯本の「一夜湯治騒動」はこのような時代を背景に起こった。一夜湯治とは温泉宿に1泊だけすることである。

文化2（1805）年、東海道沿いの小田原宿と箱根宿が、湯本温泉で旅人を宿泊させ

間宮永好『箱根七湯志』（明治２年）より。著者所蔵

るのは、幕府道中奉行の「間々村旅人休泊停止の達」に違反するとして、お上に訴えたのである。

これに対して湯本側は、①湯本温泉場は古来、往還路に位置し、一、二夜湯治の者が多かった、②脇往還路の止宿は禁止されているというが、かつて二、三の大名が御小休・止宿したことがある、③一夜湯治の止宿客は問題にされているほど多くない、などとして、反論した（『箱根湯本・塔之沢温泉の歴史と文化』）。

◇病気療養の場から娯楽の場へ、庶民の夢がかなった温泉旅行

結局、湯本側の積極的な反論が功を奏したのか、袖の下をおくったのか、湯本の言い分がとおった。これを契機に、温泉はそれまでの病気療養の場一辺倒から、多様な形態へ向

江戸後期の箱根。湯本温泉の絵図より。著者所蔵

かうことになる。それは伊勢参宮でも見たように時代の要請でもあった。

一夜湯治が晴れて公認されたことで、箱根七湯の宿泊形態も大きく様変わりすることになる。箱根七湯めぐりの案内本『七湯の枝《し》折《おり》』（文化8（1811）年）には、「伊勢講のむれ五十、六十つどい来てきそひ宿り、或は富士大山の行者二十、三十うちつらなりてあらそひ泊る」とある。

興味深いことに、弘化2（1845）年のある伊勢講中のグループが小田原宿に宿泊し、翌日、湯本の「福住」（現在の「萬翠楼福住」）に寄って「湯入り」をし、その夜は箱根宿に泊まっていることだ。旅の途中で有名な湯本温泉で入浴し、おそらくここで昼食も取ったに違いない。今日の温泉旅行の原型がこの時代に箱根で作り上げられていたのである。

昨今箱根で流行している休憩入浴などは、景気低迷の中、箱根七湯の原点に立ち返ったということなのだろうか。

神道の禊と温泉

◇なぜ清少納言は『枕草子』の温泉の条で榊原温泉の名を真っ先に挙げたのか？

紀貫之の『土佐日記』をはじめ平安時代の古典文学を読むと、当時上流階級の間で温泉がかなりの関心事であったことが推測できる。わが国最初の温泉ブームは平安時代に起きたといってもよさそうなのである。

平安期といえば『源氏物語』の紫式部、『枕草子』の清少納言など、王朝文学の才媛が活躍した華やかな時代。

その清少納言の『枕草子』能因本の第117段に、温泉の条がある。

湯は、ななくりの湯。有馬の湯。玉造の湯

「ななくりの湯」とは、現在の三重県榊原温泉のことである。ただ一部から長野県の名湯、別所温泉ではないかとの異論もあったが、その決着はそう難しくない。鎌倉時代の『夫木和歌抄《ふぼくわかしょう》』（1310年頃）に、次の一首が収録されているからだ。

一志なる岩根にいづる七栗《ななくり》の　けふはかひなき湯にもあるかな　橘俊綱

榊原は一志郡（現・津市）にあり、都でいう「一志のななくり」が榊原温泉を指していたことは明らかである。

国文学者の解釈では、清少納言は歌枕でその頃知られていた湯治場を並べたといわれているが、私の理解ではそうではない。近くの伊勢神宮、つまり神道と榊原が密接な関係にあったと思われる。

◎伊勢神宮と榊原の結びつきをたどると神道の禊と温泉の関係が見えてきた

伊勢参詣の歴史は古代にまで遡る。平安時代には大和国から伊勢神宮への道は何ルートも開けていて、すでにかなりの賑わいを見せていたようだ。

初瀬《はせ》街道、奈良街道、伊賀街道、伊勢本街道……。大和桜井から長谷寺《はせでら》、室生寺を経て伊勢神宮を結ぶ初瀬街道は、古くは長谷《はせ》道、あるいは伊勢街道とも呼ばれた。観音の浄土長谷寺は、平安時代には貴族の参詣で知られ、『枕草子』にも出てくる。

清少納言は伊勢神宮に参詣し、ななくりの湯こと榊原温泉に立ち寄ったのかもしれない。あるいは都で、榊原温泉の名をよく耳にしていたに違いない。そこは神宮の湯垢離の地としてよく知られた温泉であった。

多くの国文学者や郷土史家は、神道の禊と温泉の関係についての知識が欠落していたと思われる。紀伊山地の熊野三山詣でと湯《ゆ》の峰《みね》温泉（和歌山県）の湯垢離が密接な関係にあったように、清少納言が有馬や玉造を差し置き、「湯は、ななくりの湯（榊原温泉）」と榊原温泉を最初にもってきたのは、伊勢神宮と温泉による禊の関係においてであったろう。

榊原という地名は室町中期以降によく使われるようになった。ここは榊の原、つまり神宮に献上するサカキの群生地でもあった。温泉にひたして奉納されていたに違いない。

ちなみに『枕草子』に出てくるななくりの湯は、七栗とも表記されていたが、「くり」は「御厨《みくり》」、神に供える食物の材料を供給する土地を指す。すなわち七つの村の御厨の意味であったと思われる。現在の榊原周辺の豊かな土地を見ると、十分に納得させるものがある。鎌倉時代の『神鳳鈔』には「榊御厨七栗上村」とある。それは榊原が長い間、神領であったことを物語る。疑問は現在の榊原温泉の知名度の低さである。それは榊原が長い間、神領であったことと密接な関係があったと推測できる。

享保12（1727）年の『榊原湯元之図』や宝暦年間（1760年頃）の刊行と思われる榊原温泉の『温泉由来記』などを見ると、大きな浴舎と約100室を擁する宿があったことがわかる。江戸時代の温泉場は小規模の宿が数軒から20軒ほどが軒を連ねるのが一般的だが、榊原の場合は大規模な宿が1軒であった。主にお伊勢参りの客、それも貴人や上流階級の人々に利用されていたものと思われる。

伊勢神宮に参詣するに際して、心身の穢れを除き清める垢離の水として使われていた榊原（ななくり）の湯は、清少納言の後、鎌倉、室町時代にもよく詠まれ、多数の和歌が残されている。

しるしあらば七栗の湯を七かへり　恋の病の御祓にやせん　　肖柏（連歌師、歌人）

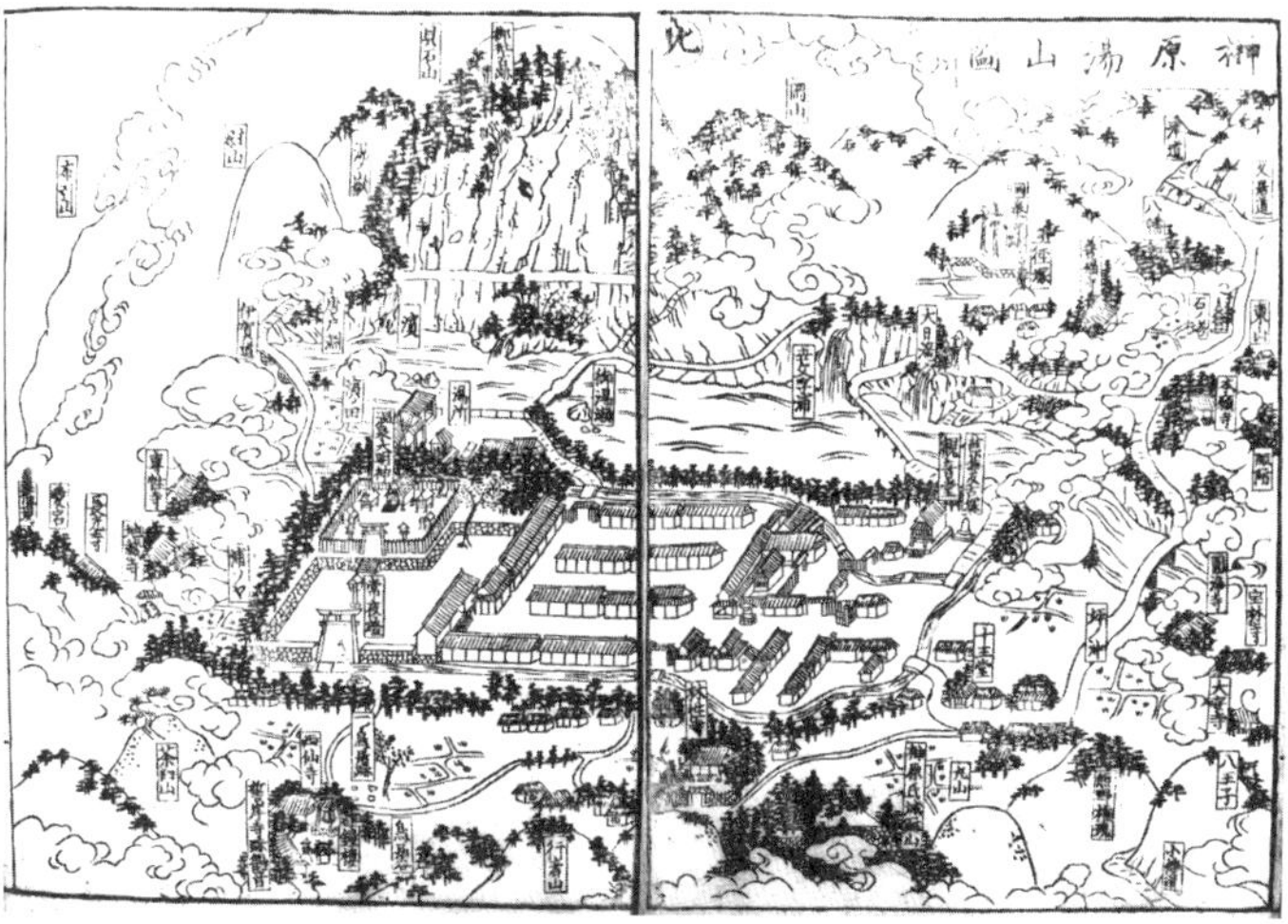

榊原温泉『温泉由来記』（宝暦年間）より。著者所蔵

２００８年６月６日、榊原の湯を伊勢神宮に奉納する儀式に私も参列した。まず地元射山神社で御祓いをすませ、バスで約40キロ先の神宮へ向かった。外宮の神楽殿に湯を奉納し、正式参拝と御神楽をさせていただいた。伊勢神宮への温泉の奉納は、わが国の温泉史上初めてのことであった。

献湯祭は現在も毎年６月上旬に行われている。

◆江戸時代の温泉入浴

なぜ日本人は入浴をするのか

◇行基など高僧と古湯との関係は長くて深い

人生が「産湯《うぶゆ》」に始まり、「湯灌《ゆかん》」に終わるという神道の精神が、日本人を世界でも類稀な入浴好きの民族に仕立てる基になっただろうことは疑いない。

大陸から仏教が伝来すると、神道は仏教的価値観と結びつくことになる。つまり、禊《みそぎ》は心身の穢れを洗い流し、浄めるという仏教の儀式となったのである。

実はこの仏教の伝来が日本人の風呂好き、温泉好きを決定的なものにしたのだ。

仏教でもやはり沐浴《もくよく》の功徳が説かれていた。特に、8世紀に日本に渡来した『仏説温室《ぶっせつうんしつ》洗浴衆僧経《せんよくしゅうそうぎょう》（温室経）』などは、沐浴を説いた経文として、他の宗教に見られないものであった。『温室経』によると、燃火《ねんか》、浄水《じょうすい》、燥豆《そうず》など、入浴に必要な七物をととのえれば、七病を除き七福が得られるという。

以来、温室洗湯は寺院の大切な事業となり、競うように湯屋が建設された。現存する奈良の東大寺の大湯屋などはその代表的なもので、庶民にも入浴させたのである。いわゆる「施浴《せよく》」である。

無料で湯に浸かり、そのうえ仏教的な功徳まで得られるという。それじゃ、湯に浸からにゃ損というものだ。

当時、温泉は別として、寺院の湯屋のほとんどが現在のお湯の張られた風呂と異なり、むし風呂であった。それでもそれまでの冷水による沐浴や小浴（行水）よりはるかに快適であっただろうし、血行が良くなることから健康増進や治癒にも著しい効果があったに違いない。それが信者の確保にもつながった。

冷水による「清め」「禊」が、このようにもっと心地よいお湯による聖化へと変わったのである。ただ注意しなければならないのは、当時の入浴は現代社会の入浴と違って、宗教行為と位置づけられていたことだ。あくまでも仏教的な功徳の結果としての病気治癒と考えられていたからである。

古湯《ことう》の開湯縁起《かいとうえんぎ》をひもとくと、温泉と高僧の関わりが多いことに驚かされる。有馬温泉

光明皇后の千人施浴。『洗湯手引草』（嘉永４年）より。著者所蔵

と行基、鉄輪《かんなわ》温泉と一遍上人、城崎《きのさき》温泉と道智上人、修善寺温泉と弘法大師（空海）……。

摩訶不思議な温泉の誕生や効能を考えると、中世の人々が温泉を神や仏と結びつけたとしても無理はない。大地から湧き出すおどろおどろしい熱湯に畏《おそ》れおののき、そこに宗教的な性格が付加されたとしても不思議ではない。温泉浴によって、劇的に痛みが消え傷が治ったとき、温泉に対して芽生えた信仰心が薬師を祭るという形で表現されたのはごく自然のことだっただろう。

『出雲国風土記』に神湯と書かれたように、神の力を秘めた温泉は、生命再生の水であった。だから、温泉の効能を権威づけるために、開湯縁起に高僧の名を必要としたのである。

「かの行基上人が発見したほどの温泉だからさぞかし霊験あらたかな湯だろう」と――。

一方、行脚僧のほうも信者を増やすために、自ら積極的に神の湯としての温泉を利用したに違いない。僧侶は当時の知識人であったから、真湯《まゆ》とは違って、温泉には薬効成分が含まれていることを知っていたと思われる。いやむしろ体験的に温泉を薬湯として認識し、布教活動に利用していただろう。これが有名温泉地に残る高僧の温泉発見伝説の真相である。

◇温泉に入って「極楽」とは極楽往生がそのルーツ

『仏説温室洗浴衆僧経』（温室経）の教えがわが国に受け入れられた大きな要因に、日本が温泉列島であったことが挙げられる。ここに神道の禊の精神と、『温室経』が見事に融合したのである。

温泉での湯浴みは極楽往生そのものであった。その悦楽のＤＮＡが今日まで受け継がれ、若者ですら露天風呂に浸かると、つい「ああ極楽、極楽」との言葉を漏らしてしまうのだ。「ああ極楽」の形容の通り、温泉もまた他界と現世の境目にあった。温泉は滝と異なって人々を畏怖《いふ》させるものではなく、ましてや苦行の場でもない。中世、近世を通じて日本人にとって、ありとあらゆる霊験が込められた場であった。

生命再生の場としての湯治場は、同時に往生再生の場でもあった。中世から近世にかけて、湯治場は他界と現世の境でもあったからだ。

重い病を患う庶民が最後の手段として、親類縁者からお金を集め、草津や有馬に湯治に出かけていった。もちろん生命再生の湯を求めてである。だが不幸にも、他界に旅立つ人も多かった。有馬、玉造、道後など、歴史ある古湯での温泉寺の存在が、他界と現世の境としての温泉の位置づけを教えてくれている。

湯女の歴史をひもとくと

◇湯女の起こりは有馬温泉。琴を弾き、歌を詠む大湯女

湯女《ゆな》の起こりは有馬温泉とされている。鎌倉初期、大和国吉野の僧、仁西上人が、山津波などで荒れ果てていた有馬を再興すべく、薬師如来の十二神将にちなんで12の坊舎（後に豊臣秀吉が20に増やす）を建て、旅人や病人を泊めた。この時、各坊舎に2人の湯女を置いて湯客の世話をさせたのだという。ちなみに有馬には現在でも「御所坊」をはじめ、坊の付く旅館があるが、これはその名残なのである。

各坊舎に置かれた2人の湯女を「大湯女」と「小湯女《こゆな》」と称した。大湯女は年増で40歳から55歳、小湯女は13、14歳から17、18歳までの娘であった。西川義方の『温泉言志』（1943年）によると、大湯女を「嫁家湯女《かかゆおんな》」、あるいは単に「かか」、小湯女を「娘湯女《むすめゆな》」、

あるいは「ゆな」と呼んでいた。

その湯女の姿を中桐確太郎は『風呂』（1929年）の中で、次のように描いている。「湯女は昔は白衣紅袴の装束を着け、歯を染め黛《まゆずみ》を描きて、恰《あた》かも上臈《じょうろう》の如き姿をなし……」。湯女は女性であるが、もともとこの役目は男性であった。湯女の歴史を遡ると、奈良時代のお寺の浴堂にたどり着く。

日本人の風呂好きには仏教の影響が甚大であったことはすでに述べた。こうした寺院の浴堂を管理する役僧を湯維那《ゆいな》と呼んだ。ふつうは略して湯那《ゆな》といい、文字では湯井那、あるいは湯名をあてた。

◇江戸時代には銭湯にも出現、湯女から遊女に変身

現在の銭湯の前身となる「町湯」が発達する際にも、この呼び名が引き継がれることになる。なぜなら当初、町湯の施設などはすべて寺院の浴室、大湯屋にならったからだ。

寛永12（1635）年刊行の仮名草子『色音論』に、「湯女は、もと諸国の温泉にありしがもとなるべし」と記されているように、有馬に始まり、江戸時代には各地の温泉場で湯治客のいわば世話係として広まっていったものと思われる。

湯女の呼び名も土地によって異なっていた。山代では「太鼓の胴」、山中では「獅子」または「ゆかたべー」、片山津では「鴨」、別府では「鴨おし」、伊豆では「牛」などと呼ばれていた。

さて、江戸に銭湯が誕生したのは天正19（1591）年。その直後の慶長年間（1596～1615年）には、温泉場の湯女をまねた「湯女風呂」が登場する。

湯女風呂は夕七ツ（午後4時）で営業を終え、夕方から風呂屋は茶屋に、湯女は遊女に変身する。三味線を手に遊女が客を待つ酒場といった図である。

もっとも湯女の昼間の仕事は垢すりであった。湯客の肌に息を吹きかけ、つめで巧みに垢をかいたため「猿」、あるいは「垢かき女」とも呼ばれた。

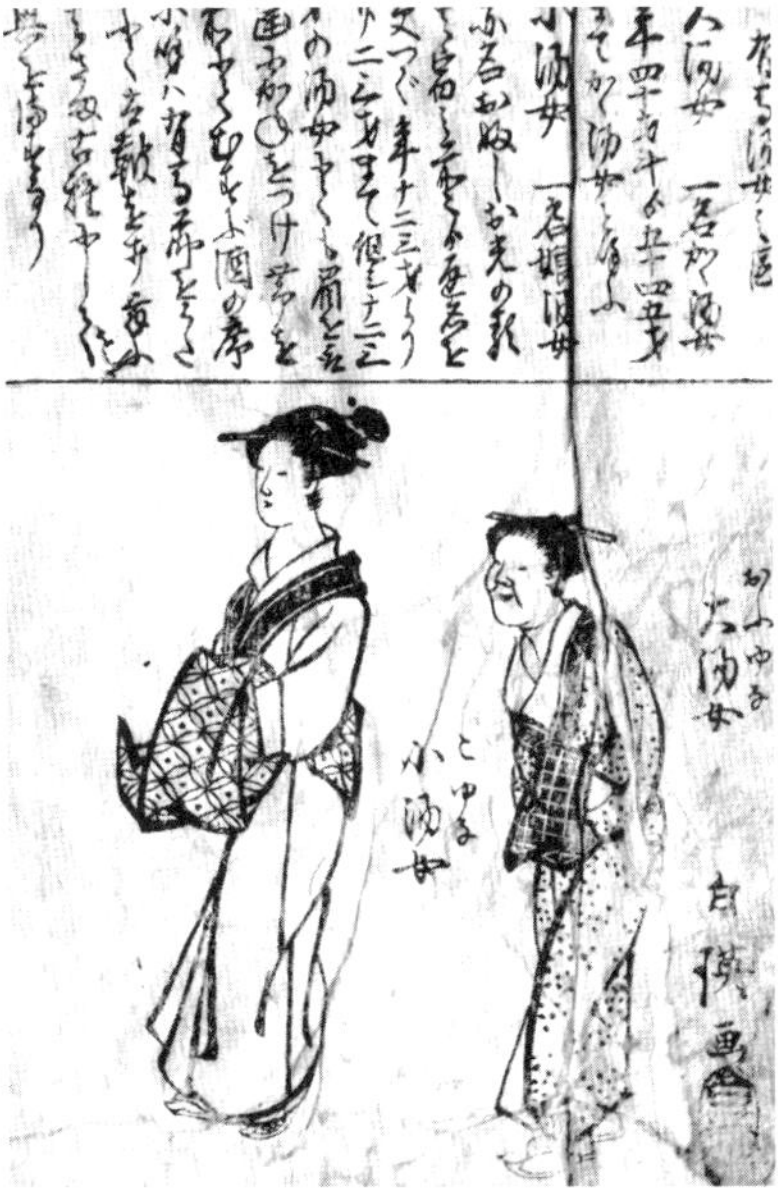

江戸期の湯女の図。『滑稽有馬紀行』（文政10年）より。著者所蔵

わが国の歴史に見る混浴文化

◇開国後、日本の混浴風景に多様な反応を見せた欧米人

かのペルリ（ペリー）に代表されるように、日本人の混浴を目撃した欧米人がキリスト教の価値観に根差し、日本人を「淫蕩な人民」（『ペルリ提督日本遠征記』）と決めつけた記述が余りにも多い。そんな中でオランダ人医師J・L・C・ポンペが幕末の長崎で公衆浴場を見た時の洞察力が優れて際立っている。

「銭湯ではまことに不思議なことがたくさん見られる。すなわち浴場では男も女も子供もいっしょに同じ浴槽に入る。しかし少なくともなんらみっともないことは起きない。いや、はっきりいえば入浴者は男女の性別など少しも気にしてないといってもよいようである」（沼田次郎・荒瀬進訳『ポンペ日本滞在見聞記——日本における五年間』）

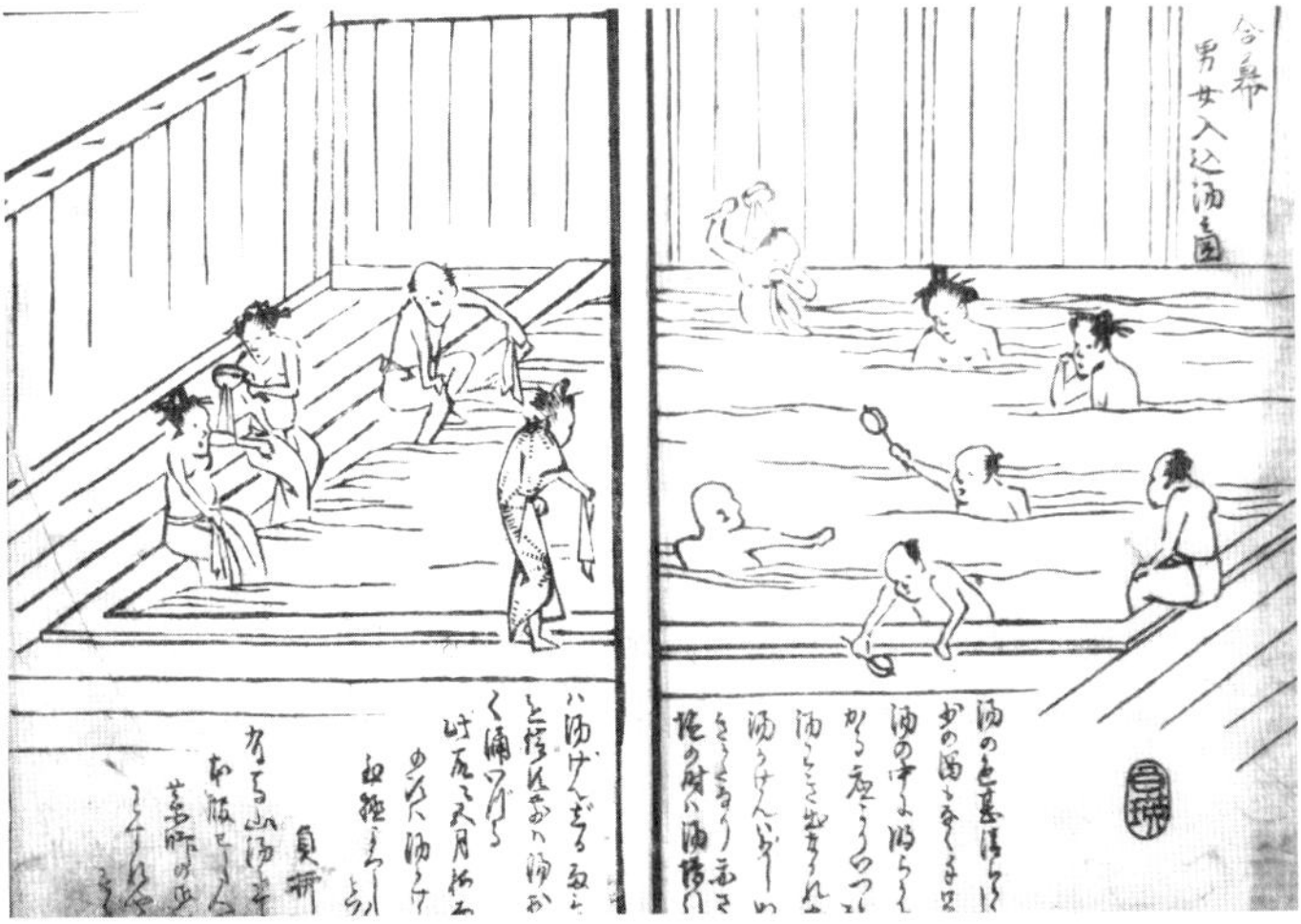

男女入込之図。『滑稽有馬紀行』（文政10年）より。著者所蔵

ペルリはいわば混浴をもって、日本人を倫理観が欠如していると断定した。ところがポンペは混浴であるにもかかわらず日本人の男女のモラルがしっかりしていることに驚愕する。そこには東洋人に対する偏見のない眼差しが感じられる。いや、それだけではない。彼は入浴を通して、日本人の倫理観を的確に評価したのである。

ヨーロッパにおいて混浴はもちろん、一般に他人と湯を共有することが禁じられたのは、そのモラルが原因したからであった。

そもそも日常的に湯に浸かる民族は日本人くらいなのである。入浴しない方が普通なのだ。13世紀のハンガリー王女エリザベートは生涯一度も入浴しなかったし、スペインのイサベル女王も、生まれた時、つまり産湯と結婚した時の2度しか湯に浸からなかったというではないか。

それはキリスト教の禁欲思想の影響に違いなかった。裸は性を意識させる、というのである。そこから「風呂=性的不道徳」という、極めていびつな意味付けがなされてきたようだ。ペルリが混浴をしている日本人を目の当たりにして、「淫蕩な人民」と決めつけたのはこのような背景があったからに違いない。

私に言わせれば、日本人は性的モラルを重んじる民族であったからこそ、混浴文化が江戸時代だけでなく今日まで継承されてきたのである。

温泉の多いドイツの人々が古代ゲルマンにまで遡って入浴好きだったことはよく知られている。入浴は健康増進の源、という考え方があった。ところがドイツ人、エドゥアルト・フックスの『風俗の歴史——ルネサンスの社会風俗』などを読むと、公衆浴場で男女が不道徳な行為を日常的に営み、入浴の目的が別のものになってしまった時代が続いたことがわかる。

ペルリの挿絵。ハイネ『ペリー提督日本遠征随行記』より。著者所蔵

◇究極の癒し法、混浴を楽しむため江戸時代から守られているモラル

かくして欧米人はルネサンス以降、湯に浸かることとの快感を遺伝子的に受け継ぐことなく今日に至っているのだ。だから肌を通じて得られる湯浴みの恍惚は日本人の専売特許といっていいだろう。この恍惚感は、異性ばかりか一般に同性との湯の共有をも、不浄なものと見なさざるを得なくなって久しい欧米人には、なかなか理解し難いものに違いない。

ペルリを驚かせたわが国の混浴文化は高度な精神性をもって受け継がれて来たことは確かだ。この後に触れるように現在、若い女性の間で静かな混浴ブームである。それは取りも直さず日本の女性には「混浴＝性的に危険」とのＤＮＡは刷り込まれていないという証でもあるわけだ。

この稀有な入浴文化を守るために男性は基本的なマナーを守る必要がある。それは第一に女性が湯船に入るときと出るときは視線を逸らすこと。第二に女性が湯船に身を沈めた後は今度は視線を逸らさず、相手と目を合わせながら健康的に会話を楽しむこと。これがわれわれの先人たちがやってきた究極の癒し法なのである。

現代に甦った温泉の原点、混浴

◇若い女性が選んだ究極の癒し。混浴で、心と体を解放させる

混浴が静かなブームである。しかもその主役は、20～30代の若い女性。男性の読者の中には思わず鼻の下を長くした人もいるに違いない。大いに結構。湯煙の奥に浮かび上がるシルエット。これは温泉情緒の最たるものだ。

空想力、イマジネーションを失ったら、人間は衰える。それは女性でも同じに違いない。年をとってもイマジネーションが豊かであれば、その人は精神的に若い。それは言下に「スケベ心」と切り捨てられない、健康的なエロチシズムを含んだイマジネーションといっていいだろう。

「露天風呂の開放感がたまらないわ」と、若い女性たちは言う。開放感は解放感でもある。

都会の人造物の中で生活しているわれわれは日々、五感を鈍らせている。五感で感じられるものはことごとく人間が造り出したものだからだ。露天風呂の開放感というのは、その五感を野性に戻すことにほかならない。

北関東の塩原温泉郷の混浴露天共同浴場「岩の湯」や「不動の湯」に押しかけた首都圏のＯＬや学生たちは、本物の温泉が秘めた肌の感触にうっとりとしている。お湯の匂い、風の薫り、緑の芳香……。目に見えるのはバーチャルではなく本物の山水である。耳に聞こえるものはお湯のこぼれる音であり、渓流の瀬音であり、風のそよぎだ。

肌を通しての他の入浴客とのお湯の共有感、連帯感は同じような価値観を生み出してくれる。

それは江戸後期の戯作者式亭三馬の『浮世風呂』の世界にも通じる。

「釈迦《しやか》も孔子《かうし》も於三《おさん》も権助《ごんすけ》も、産まれたままの容《すがた》にて、惜《をし》い欲《ほし》いも西《ぬし》の海、さらりと無欲の形なり。欲垢《よくあか》と梵悩《ぼんなう》と洗清《あらひきよ》めて浄《を》湯《ゆ》を浴れば、旦那さまも折助《をりすけ》も孰《どれ》が孰《どれ》やら一般《おなじ》裸《はだか》体《み》……」

これは江戸の銭湯での話だが、日本人のＤＮＡに刷り込まれてきたこうした共有感が、閉塞感の色濃く漂う平成の今日、癒し、やすらぎを求めて開放的な露天風呂に浸かる人々の間で、性差、世代差を超えて会話をより滑らかにしてくれる。

　これこそが温泉力のなせる業であり、日本の入浴文化そのものといっていいものだ。真の心の湯浴みはこうした和やかな雰囲気の中で初めて達せられるものに違いない。

◇温泉力を最大に引き出した、心和ます温泉入浴の原風景

温泉の原点は湯治である。湯治場は本来、混浴であった。現在でも青森県の酸ヶ湯、岩手県の夏油《げとう》、熊本県阿蘇の地獄など、代表的な湯治場は混浴が基本。つまり温泉力を最大限に引き出すには、和やかな雰囲気は必須条件なのである。それは江戸時代も平成の現在も変わりないということだ。

式亭三馬『浮世風呂』（文化６年）。著者所蔵

　若い女性たちが異性の裸を見たいだけの混浴なら、貸し切り露天で十分なのである。癒されたいがために

本物の温泉を探し求めたところ、そこがたまたま混浴であった。

若い感性が発見した時代の最先端の癒し法が、日本の温泉の原風景である湯治場そのものであったのは興味深い。

江戸時代の人気温泉ランキング「温泉番付」

◎勧進相撲や歌舞伎から始まり、庶民が広げた「番付」文化

私の『おとなの温泉旅行術』（PHP新書）の巻末に「平成温泉番付」を収録してみたところ、予想外に反響を呼び驚いたことがある。多分に遊び心をもって作成したものだが、東の横綱に草津温泉（群馬県）、張出横綱に乳頭《にゅうとう》温泉郷（秋田県）、西の横綱に由布院温泉（大分県）、張出横綱に黒川温泉（熊本県）を配置した。注目株として、西の関脇に大分県の長《なが》湯《ゆ》温泉と張出で鹿児島県の新川《しんかわ》渓谷温泉郷をもってきてみた。東西合わせて96か所の温泉地を相撲番付に見立てたのだが、その基準はまずお湯の質がいいこと、いい湯元（泉源）が保たれていること。同時に温泉地としての魅力や人気、それも最近のトレンドに合っていることを加味した。

『番付集成』（1973年）によると、番付はもとは「万付」ともいわれ、歌舞伎興行の際に、すべての役を看板のようにつけ出すことから始まったという。現代人は番付という と相撲を思い出すが、どちらが先に成立したか定かではない。いずれにしても番付が作られるようになったのは、勧進相撲や歌舞伎の成立と無関係ではなかったことは確かだ。

庶民の生活が豊かになった江戸時代から、温泉番付をはじめ、さまざまな種類の見立番付が出回った。うなぎ屋、米の産地、酒、山、川、仏閣、名所旧跡、小町娘、遊女……。なにせ先の『番付集成』などは、上下巻合わせて500ページ近くにも及ぶ。

瓦版のような一枚ものの見立番付が広く普及するには、貴族や武家文化というより、民衆の文化が力をもつ必要があった。権力に対する鋭い風刺が一枚の刷り物の中に込められたからだ。三都（江戸、大坂、京都）の中で大坂版がもっとも面白いといわれたのは、大坂の民衆文化が先進的だったということに違いない。

見立番付の中でも、一番の人気はやはり「温泉番付」であった。江戸中期の享保年間（1716～36年）から始まり、庶民の生活が安定する文化・文政年間（1804～30年）の頃が全盛といわれ、明治まで続いた。しかし現代では、温泉のランキングといってもなかなか基準が難しい。

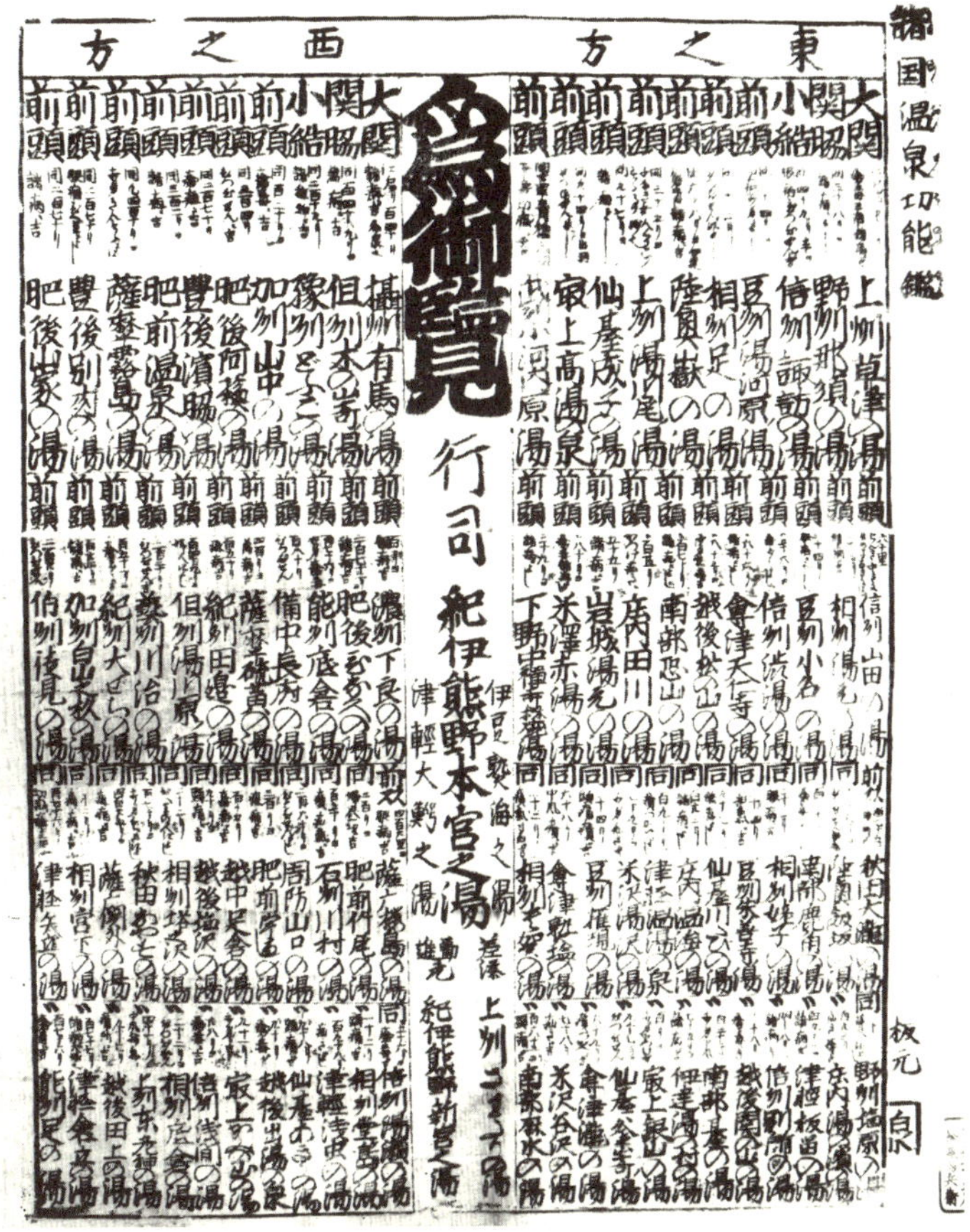

文化・文政期の温泉番付『諸国温泉効能鑑』。著者所蔵

風呂だけでなく、施設、食事、接客などをカバーすると、人によって評価が分かれると思われるからだ。ところが江戸時代のランキングは大方を納得させるものであった。というのは評価の基準がもっぱら温泉の質に置かれていたからだ。体に効くか否か、なのである。日本人にとって病を治癒できない温泉は温泉ではなかった。「温泉の原点は湯治にある」というのはこのような意味なのである。

◇今より明確な判定基準があった、江戸時代の温泉ランキング法

大分県に寒の地獄温泉という奇湯がある。14度程の良質の硫黄泉が浴槽から川のようにあふれ出ている。現在でも立派に営業しているところを見ると、代々のファンが大勢いるのである。

筆者流に言うと、「心身を癒せない温泉は温泉とは言えない」ということになる。

温泉番付は『諸国温泉功能鑑』と呼ばれ、東西の名湯が大関から前頭までずらりと並ぶ。その数は東西で94から100くらいが一般的であった。ちなみに明治に入るまで、相撲の最高位は大関であった。

私の所蔵している『功能鑑』の発行年代は不明だが、江戸後期の文化・文政期のものと

思われる。行司役が「紀伊《きい》熊野《くまの》本宮《ほんぐう》の湯」なのは、日本人にとっての温泉の位置付けがはっきりしていて、興味深い。

草津温泉街の中心部に湯煙を上げる「湯畑」

本宮の湯というのは現在の和歌山県湯《ゆ》の峰《みね》温泉のことである。平安時代から熊野三山詣での湯垢離《ゆごり》の地として知られたばかりか、1800年の歴史をもつというこの古湯、歌舞伎で有名な小栗判官《おぐりはんがん》が蘇生した湯としても有名だ。まさに行司役にふさわしい日本の温泉なのだ。

ちなみに東の大関は草津（群馬県）、関脇は那須（栃木県）、小結は諏訪（長野県）。西の大関は有馬（兵庫県）、関脇は城崎（兵庫県）、小結は道後（愛媛県）であった。

古書の中に見る湯治の歴史

◇古書など先人の文献を基にして、進み続ける現代の温泉史研究

旅行作家である野口冬人さんの『古書に見る温泉』が面白い。古書好きの野口さんならではの「温泉史ノート」である。

このような知的好奇心をくすぐられる書物に出会うと、つい同じものを2、3冊買ってしまうのが昔からの癖だ。

この本の「日本の温泉史ノート抄」の項に出てくる『有馬山温泉小鑑』（1685年）や香川修徳の『一本堂薬選』（1737年）などの原本を私も所蔵しており、野口さんと一度古書談義でもしてみたい。

ところで同書に気になる記述があった。

「〈湯治〉という言葉が表れてくるのは、『室町中期』のことといわれています」。これは西川義方著『温泉言志』（1943年）の次の記述に拠るものと思われる。「『温泉を対象とした湯治』といふ言葉は、室町中期の長禄三年五月二十二日の禁制の壁書に、『夜中に湯田の湯へ入る事』とあつて、その除外例として『但し湯治の人幷女人同農人等被レ除レ之』とある。この湯治の人といふのは、病を治すための湯治の人であらう。之が、私の知るかぎりである。之より溯つての考証は、これから追々の研究に譲るより仕方ないのである」

西川義方（1880〜1968年）は、大正8年から昭和21年まで宮内省侍医として大正天皇、貞明皇后の健康管理にあたる一方、東京医科大学教授として温泉医学の普及に努めた。『内科診療ノ実際』、『看護の実際』などの専門書から、『温泉読本』、『温泉須知』、『温泉と健康』などの温泉医学の啓蒙書に至るまで精力的に執筆している。

なかでも先に触れた『温泉言志』などは、古典をひもときながら「湯の字」を50ページにもわたって解説しており、その博学の程は脱帽ものだ。たとえば「天文五年申歳の古奈古文書には『湯治衆』とか、『湯治人』の文字を用ゐてをります」といった具合にである。

もちろん私は『温泉言志』も複数冊所蔵している。念のため確認したら、19冊もあった。

西川義方著『温泉言志』（昭和18年）の表紙。著者所蔵

この本に「湯治といふ言葉」の章がある。西川義方はその中で、温泉を用いた「湯治」という言葉は、室町中期の長禄3（1459）年5月22日湯田温泉（山口県）の「大内家禁制壁書」のものと述べている。

昭和55年発行の『日本発見⑱湯けむりの里』（暁教育図書）や、61年発行の『白浜町誌　本編上巻』（白浜町）などにも、「大内家禁制壁書に、初めて『湯治』という言葉が使われる」とある。これらも『温泉言志』が種本に違いない。

だが、実際にはこれより200年以上古い書物に温泉湯治の文字が出てくる。しかも『新古今和歌集』の選者として知られる鎌倉時代の有名な歌人、藤原定家の『明月記』にである。定家19歳から74歳に至るまでのこの日記は、鎌倉時代の一級史料として高い評価を受けている。

『明月記』の嘉禄2（1226）年7月2日の条に「木崎湯治」の言葉が見える。木崎とは現在の兵庫県城崎温泉のことである。

浴衣が似合う城崎温泉の風情

日記によると、治部卿（冠婚葬祭担当の治部省の大臣）の藤原範基が木崎に湯治に行っていたが、去月下旬（六月下旬）に死亡したとある。範基はいつも木崎湯治と称して但馬国所領に行っていたようだ。

ちなみに『明月記』には、定家自身も建仁3（1203）年、元久2（1205）年、建暦2（1212）年の3回、有馬温泉へ行ったことが書かれている。

『日本書紀』には舒明《じょめい》、孝徳、

斉明天皇などの有間（有馬）、牟婁《むろ》（白浜）、熟田津《にぎたづ》（道後）などへの行幸が記されているが、湯治行の最初の記述は平安中期の天暦7（953）年3月30日。「権小僧都明珍申二給官符一向二伊予国一治レ病」（『扶桑略記』）。

伊予の道後温泉への温泉湯治のことだろうが、「湯治」という言葉は使われていない。

今日につながる江戸時代の入浴法

◇戦後レジャーとして始まった温泉の人気、今では江戸の人々が求めた治療の温泉へ回帰

江戸中期の元文3（1738）年に出版された香川修徳の『一本堂薬選続編』は、わが国で最初の温泉医学書であり、温泉論でもあった。

その後、江戸期の温泉学の頂点といってもいい柘植龍洲《つげりゅうしゅう》の『温泉論』（文化13〔1816〕年）に至るまで、いくつかの重要な温泉啓蒙書が出版されている。三宅意安の『本朝温泉雑稿』（明和4〔1767〕年）や原双桂《そうけい》の『温泉考』（寛政6〔1794〕年）など、いずれも医学者によって書かれたものだ。

温泉医学書の嚆矢《こうし》となった『一本堂薬選続編』を著した香川修徳の師である後藤艮山《こんざん》は、当代一の名医として知られる医学者だった。もともと温泉を治療に導入したのは艮山で、

その一番弟子であった香川修徳が師の教えに従って書き上げたのが、『一本堂薬選続編』に収められた温泉論なのである。

つまり、わが国の温泉医学は治療学から始まった。戦後、西洋医学一辺倒の日本だが、一方で温泉に対する国民的関心は衰えるどころかますます強くなっている。大都市で続々と誕生する温泉入浴施設、温泉付きマンションのブームなども、そうした欲求を表したものだろう。

日本人と温泉の関わりの痕跡は、6000年前の縄文時代にまで遡ることができる。記録のうえでは1300年前の奈良時代からその様子を知ることが可能だ。だが、温泉が庶民のものになったのは江戸時代であることを考えると、日本人にとっての温泉の鑑《かがみ》、つまり原点は江戸時代にあると考えていいだろう。

温泉は江戸時代でも平成の今日でも、手拭1本で気軽に入ることができるが、もともと病の治癒が目的であったから、医師が関わっていた当時の入浴法は理に適っていると考えられる。実際、江戸時代に著された入浴法には現代人が忘れてしまったものが記されていて、思わず膝を打ちたくなるものも少なくない。科学が発達した時代に生きながら、われわれは1日に何回入浴すればいいのかすらわからないありさまなのだ。時には江戸期の書物に謙虚に学ぶことも必要なのかもしれない。

◇江戸期に出版された温泉啓蒙書が教える入浴法は健康志向の現代にも通じる

まず、江戸後期の天保5(1834)年に著された山崎大湖の『温泉浴法辯』を見てみよう。

「浴度」つまり入浴回数の項にこう記されている。

「およそ浴する事、一日にふたたびみたびをほどよしとすべし。やせて弱だちの人は一、二度を限りとすべし。ふとりて強き人は三度、五度におよぶとも、害にもなるまじ。これを過れば効を失いて、かえって疲労するのみなり」

一方、慢性病などで長期湯治をする場合、欲張って回数を多くしないように戒めている。五穀を耕作するために下肥《しもごえ》をやり過ぎると、むしろ収穫は少なく、時には枯れてしまうとすらあることを例に引き、浴度も過ぎると害にしかならないとしている。

「浴法」の項にはこうある。「およそ浴する者、まず湯をそそぎかけ、湯槽の端《はし》、居るべき処をあたため、杓をもって肩より背腹へそそぎ、其のち静かに湯槽の中に入り、遍身《へんしん》(全身)へあたたかみ透《とほ》りて湯槽を出《いで》あがるべし。此の如くすること一度二度、あるいは三度、銘々好みにまかすべし。されども四度五度におよぶ事なかれ。必ず疲労《つかる》るのみなり」。

◇現代人にも通じる江戸時代の入浴法を現代の入浴と比較してみると……

わが国の温泉医学書の嚆矢、香川修徳の『一本堂薬選続編』は、270年以上も前に出版された温泉論だが、その入浴法は現代人にも学ぶべきものが多い。江戸期に長きにわたって最も影響力をもった温泉論であっただけに、日本人の入浴法の基本が香川修徳とその師後藤艮山によって作られたといっても過言ではないだろう。

山崎大湖の『温泉浴法辯』には、「浴度」は体力のない者は1、2度とすべきとあった。香川修徳はこう指導している。「凡人は、入浴の適度な回数を知らない。或いは1日に十数回入り、しかも僅か、7日に限って止める（筆者注：わずか7日間の湯治では期間が短いということ）。これでは正に、無病の人が予防の用意をしても、ただ疲れてしまうだけである。どうしてよく病気を治せようか」。

江戸時代では、「温泉旅行＝湯治」であったから、湯治場には最低でも1週間は滞在した。現代人は、各種調査によると大半が1泊2日、長くて2泊3日が温泉旅行の単位である。それだけに入浴法は知らないに等しい場合が多いし、家庭での入浴の延長線上に考えられていることがほとんどのようだ。

『一本堂薬選続編』には出ていないので、橋本徳瓶《とくべい》『草津入湯案内記』（天保9〔1838〕年）を引用するが、宿にチェックインした後の入浴の心構えがこう記されている。「凡そ入湯の法は旅より着きて暫く休息して湯に入るべし」と。ようやく宿に着いたのだから、早く露天風呂に浸かりたいというはやる気持ちはわかるが、体調を整えてから入りなさいというのである。

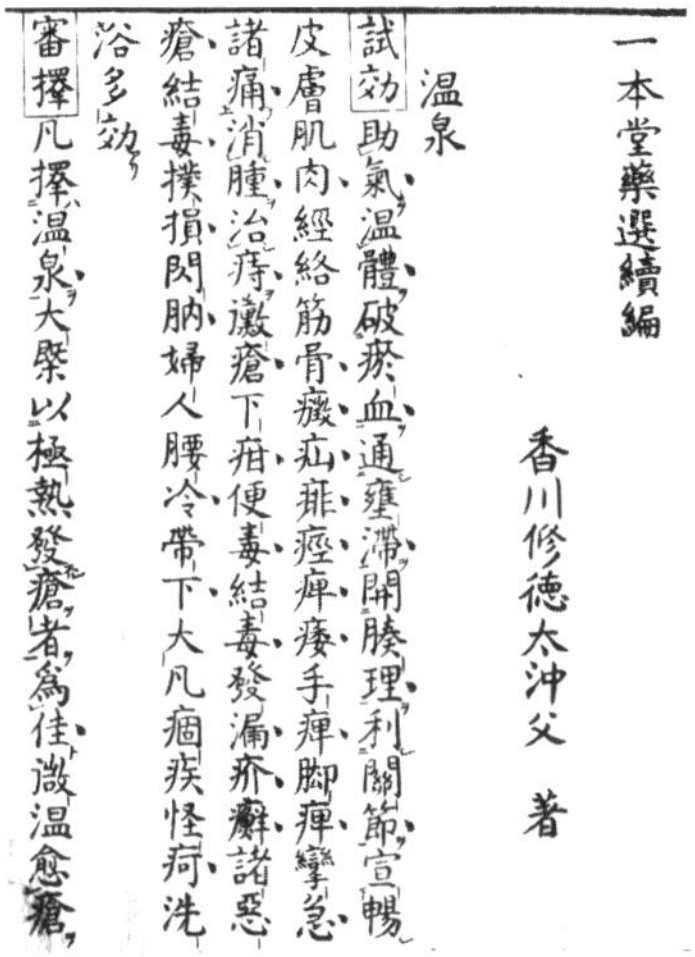
一本堂藥選續編
香川修徳太沖父 著
温泉
試効 助氣温體破痰血通壅滯開腠理利關節宣暢皮膚肌肉經絡筋骨癈疝痱痙痺痿手痺脚痺攣急諸痛消腫治痔瀲瘡下疳便毒結毒發漏疥癬諸惡瘡結毒撲損閃朒婦人腰冷帶下大凡痼疾怪痾洗浴多効
審擇 凡擇温泉大槩以極熱發瘡者爲佳澂温愈瘡

日本初の温泉医学書『一本堂薬選続編』（元文3年）の温泉の項。著者所蔵

◇それこそが琴線に触れる日本人の入浴法

香川修徳の「浴法」などは、日本人の琴線に触れる最たるものだろう。修徳はこう記している。

「気を和らげ（中略）子供が水に遊ぶ純な気持で……」。「ひしゃくで温泉を汲み取り、ゆっくり両肩及び腹や背中にかけ、布《ふ》巾《きん》を湯に浸し、顔を洗い、心を静かに

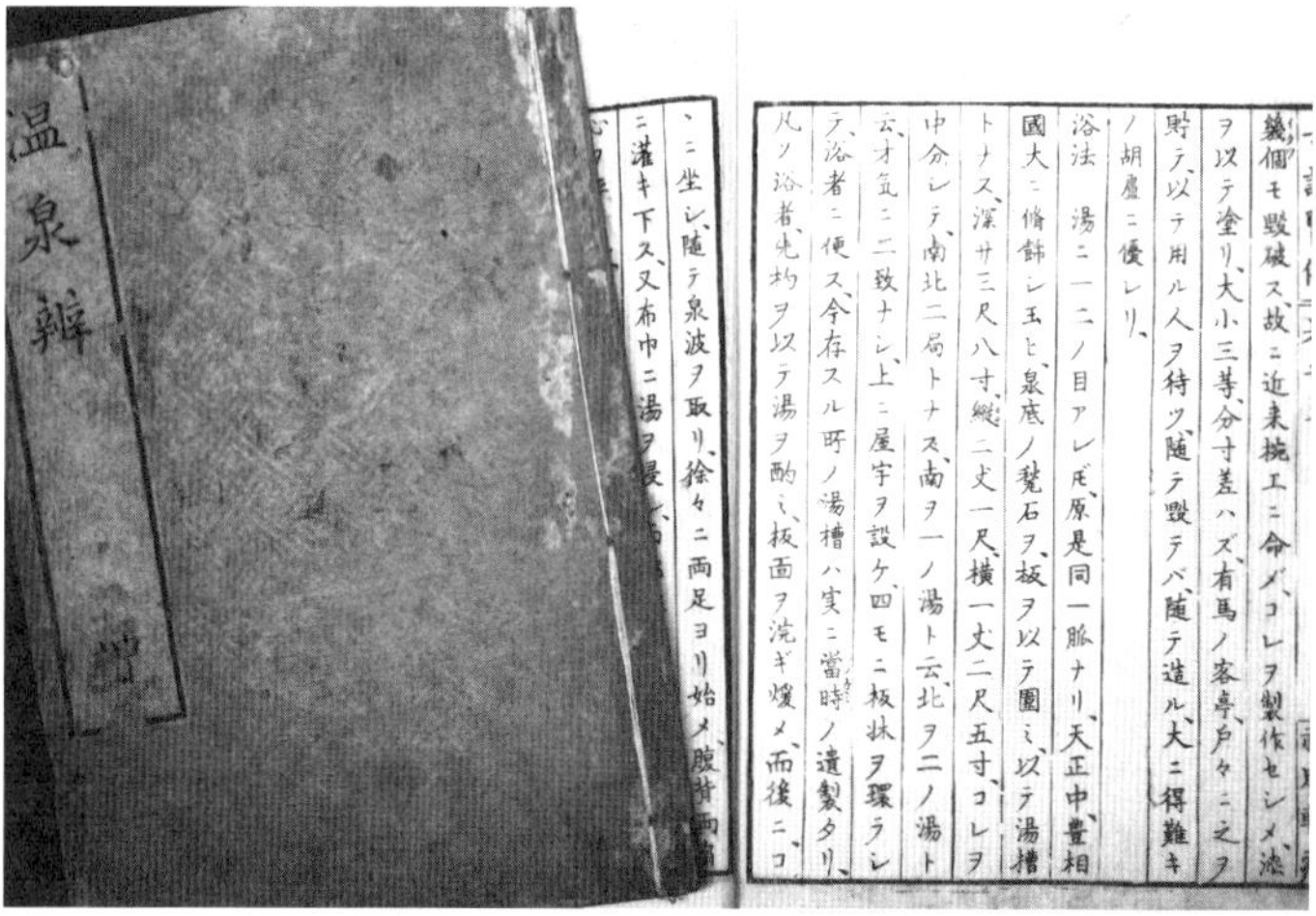

宇津木昆台の『温泉辯』（天保12年）。著者所蔵

……」

現代人も心すべき入湯論である。ここから思い浮かぶのは、洗い場で身体をすみずみまで洗った揚げ句におまけのように風呂に体を沈め、「ふう〜」と息をつく昨今の浴場風景である。ハレの場であるはずの温泉までもが、身体の汚れを洗い流す家庭風呂や銭湯と化している。

香川修徳の入湯論は傾聴に値するといっていいだろう。

天保12（1841）年に2冊から成る『温泉辯』を刊行した尾張の医学者宇津木昆台も、「心を平《たいらか》にし、気を和らげ、稚児《ちご》の水戯を作すが如く」と入湯の心構えを記しているところを見ると、香川修徳の作法は100年にわたって支持されていたことがわかる。もちろん、今もなお、日本人に適する入湯論である。

◇温泉浴や湯治の医学的な意義とは病気に対する免疫力を高めること

「此邦《このくに》諸州温泉極めて多し、而《しか》して但州城崎新湯を最第一とす」と、天下の名湯有馬を城崎の次に評価した香川修徳の『一本堂薬選続編』の一番の根拠は、師後藤艮山の教えに従って、高温泉であること。

これに対して後藤艮山らと同系の古医方派の原双桂は、『温泉考』で「温泉の善し悪しは温度ではなく成分である」と反論している。

時代はまだ江戸中期であったため、原双桂の理論は柘植龍洲の『温泉論』のように理路整然とはしていなかったが、香川修徳の温泉論に対する最初の批判書として注目された。ちなみに『温泉考』が刊行された時には、双桂没後27年を経過していた。

その双桂の『温泉考』に現代人が忘れてしまっている入浴法がいくつも出てくる。特に入浴後の心がけなどは貴重だろう。

「湯から上がったら風にあたってはならない。湯上がりには湯の気が全身に通って寒さを感じない、故に浴衣ひとつで長く坐っていて風の寒気に身体を害されることが多いものである。そのうえ毎日の入浴によって身体の表面の気が開きゆるんでいるので湯上がりでなくとも、風寒に感じ易くなっているからよくよくこれを慎むべきである」

湯治中の養生法である。現代人が見落としがちな点を衝いている。「風寒」とは、風や外気にあたったときに感じる寒さのこと。湯冷めには、特に子供や高齢者は注意が必要である。

温泉浴や湯治をする医学的な意義は、突き詰めれば体温を上げ、副交感神経を優位にして、自然治癒力、免疫力を高めることにあるといってもいいだろう。

何か重篤な病気にかかるようなときは、体温が低下していることが多い。半世紀前の日本人の平均体温は37度近く。現在は36度程度と言われている。1度体温が下がると、免疫力は30％以上ダウンし、逆に平熱より1度上がると、5、6倍もアップすることが最近の研究でわかっている。

病気になると発熱するのは、白血球内のリンパ球が活動している証拠だ。リンパ球は体温が上がると活動的になる。がん細胞を攻撃するのも、このリンパ球のNK（ナチュラルキラー）細胞である。つまり、日頃から免疫力を高めておくには、体を冷やさないように心がけることが肝要なのである。

かつての湯治の意味は、風邪をひかない体、つまり免疫力を蓄えることにあった。

◆将軍、大名、武士の温泉入浴

家康も好んだ熱海の湯治

◇温泉の原点は湯治にあるという、その始まりは遠く平安時代から

徳川家康は征夷大将軍に任命された翌年の慶長9（1604）年に、義直と頼宣《よりのぶ》の2人の子供、それに伊達政宗門下の連歌師兼如らを伴って熱海で1週間の湯治をする。慶長9年といえば江戸に幕府が開かれた翌年とはいえ、天下分け目の戦いといわれる関ヶ原の戦いからまだ4年しか経っていない。天下平定のために内圧外圧に対抗する手だてを矢継ぎ早に打つ必要があったはずだ。

戦国時代をサバイバルして天下を取ったばかりの家康は、その地位を不動のものとするために猛烈な激務をこなす必要があったはずである。

それだけにこの時期に家康が1週間もの湯治に出かけた意味合いは大きい。家康にとっ

北は山地、南は相模灘に面した温暖な熱海温泉

て温泉は絶大なものだったのである。それは戦国の武将たちにとっても同じであった。実は家康は天下を取る前の慶長2年3月にも熱海で湯治をしている。

◇湯治ブームを巻き起こした家康、そのDNAは現代のわれわれに続く

湯治という言葉がもっぱら温泉浴に使われるようになったのは、江戸時代に入ってからのことのようだ。それは家康の熱海での湯治の影響が大きかった。

もっともこの時、家康はお忍びで湯治に来たため、熱海名主今井半太夫旧蔵の宿帳には主従9名とだけ記されたという。

それでも大名の間に、家康が熱海で湯治

をしたとの噂がまたたく間に広がり、熱海が幕府の直轄領であったこともあって、参勤して江戸に詰めていた大名の熱海湯治ブームが起きた。明媚な海岸風景に加え、迫力のある間歇泉から噴き出した大湯の温泉力は権力者たちの湯治意欲を刺激するに十分であった。

特に熱海の湯にぞっこんだったのがほかならぬ家康だ。慶長9年の7月、家康は熱海の湯を5桶、伏見（京都）まで運ばせ、周防《すおう》（山口）から参勤に来ていた吉川広家《きっかわひろいえ》が湯治できるように取り計らっている。

広家は吉川元春の子で、関ヶ原の戦いで家康に忠勤していたことから、家康は最良のもので広家に報いたのだろう。天下人、家康にとって温泉とはそのような存在だったのだ。

そうしたDNAは未だにわれわれ日本人に刷り込まれたままである。

名湯を城まで運ばせた徳川家

◇代々、温泉に好んで入った徳川家、なんと江戸城での湯治を試みる

樽詰めした温泉を運び、湯浴《ゆあ》みを楽しむ習わしは戦国時代から知られていた。これを汲《くみ》湯《ゆ》といった。慶長9（1604）年に熱海で1週間の湯治をした徳川家康は、今度は熱海から汲湯を取り寄せて部下の立花宗茂の病気治療に使わせている。

実はこれが将軍家への御汲湯（献上湯）のきっかけとなる。家康の温泉好きが伝わったのか、歴代の将軍たちも温泉に執心した。3代将軍家光は寛永元（1624）年、熱海に湯治のための別荘を建てるが、来湯は果たせなかった。

もっとも家光は湯治を諦めたわけではない。小田原城主稲葉氏の『永代《えいたい》日記』には次のような記述があるからだ。

「正保元（1644）年十月五日　幕府老中より箱根木賀温泉へ、湯樽二つ届く」

湯樽がどのようにして江戸城まで運ばれたのだろうか？　幕府はその年の御汲湯の温泉場を決定すると、御湯樽奉行を現地に送り込んだ。奉行は汲み出しが終わるまで御湯御用宿に滞在するという念の入れようだった。

湯樽を運ぶ人足は小田原領下の村々から眼病のない屈強な男たちが選ばれた。紋服・袴をつけた湯宿主たちが長柄の檜柄杓で汲み出し詰めた御湯樽に封印が貼られる。

1樽に4人の人足と手明きの者2人がつき、箱根の山を下った。最も大切なことは樽の封印が切れないように運ぶことであったという。本物の温泉を、ということなのだろう。

家康の湯治以来脚光を浴びた熱海の献上湯は、箱根七湯より遅く、寛文2（1662）年、4代将軍家綱のときといわれる。御汲湯を献上できる湯戸（湯亭）が27軒指定され、幕府から帯刀御免の特権が与えられたばかりか、運上も免除されたというから、献上湯の位置付けの大きさが想像できる。

◇「将軍御用達」のＰＲ効果で熱海、箱根などの湯が広く伝わる

熱海で御汲湯が大々的に繰り広げられたのは8代将軍吉宗のときで、享保11（1726）

年から19（1734）年の間に湯樽を3643個も運んだ記録が残されている。1000度近い大湯の源泉を、熱海の場合は木の香立つ檜の桶に汲み入れ、人足が1人1桶を担いで、江戸城までの28里（約110キロ）の道のりを昼夜兼行で走った。14、15時間あれば運ぶことは可能であったろうから、吉宗は江戸に居ながらにして適温で熱海の湯を堪能できたに違いない。

ちなみに吉宗は草津の湯畑の湯も運ばせているから、家康顔負けの温泉好きだったのである。

歴代の将軍のこうした献上湯は湯元である熱海、箱根、草津などの温泉場にとって格好の宣伝となった。「将軍様がわざわざ運ばせているほどだから、箱根の湯はよっぽど効くらしい」と。かくして一般庶民の間にも湯治ブームが起こった。

ヨーロッパでは温泉は貴族のものであった。日本では将軍から農民まで幅広い層に利用されてきた。その便宜が図られたのは徳川家が真の温泉愛好者であったからにほかならない。そう考えると、われわれは恵まれた国に生を授かった。

大名のゆったりした湯治

◇天下人徳川家康をも魅了した熱海の湯が大名の間で湯治ブームを巻き起こす

春の夜の夢さへ波の枕哉

徳川家康が熱海湯治の最中に詠んだ一句である。

家康は熱海の湯に浸かりながら、その合い間に歌を詠み7日間滞在した。7日というのは、中世以降に確立されていた一廻りの湯治法である。

家康の熱海湯治はお忍びだったが、その噂はたちまち江戸詰めの大名の間に広まった。

特に参勤交代が定着してからは、熱海が江戸に近く、また幕府の直轄領で大名たちの逗留が自由であったこともあり、湯治ブームが起こる契機となった。

家康や諸大名を魅了し、天下の名湯と謳われた熱海の湯元は間歇泉大湯であった。昼夜6度にわたって噴出し、月に1、2度は「長湧き」といわれ、昼夜を通して100度近くもの熱湯を吐き続けたといわれる。

山東京山《さんとうきょうざん》は『熱海温泉図彙』（文政13〔1830〕年）で、その様子を「石竜熱湯を吐くが如く、湯気雲のごとく昇《たちのぼ》り、泉声雷の如し、本朝第一の名湯なり」と伝えている。

一大奇観というにふさわしい大湯の間歇泉、風光明媚な海岸線、それに家康もぞっこんだった温泉の効能……、諸大名も競い合っての熱海詣でが始まったのである。

大名が逗留したのは、本陣の今井半太夫か渡辺彦左衛門のどちらかであったと思われる。完全なものではないようだが、『熱海町誌』に今井家の宿帳が収載されている。

熱海湯治を行った主な大名を挙げてみよう。細川忠利（豊前国小倉城主）、島津光久（薩摩国鹿児島城主）、南部重直（陸奥国盛岡城主）、伊達忠宗（陸奥国仙台城主）、松平定信（陸奥国白河城主）、池田治政（備前国岡山城主）、安藤重博（備中国松山城主）……。

小倉城主細川忠利が熱海に来湯したのは、寛永6（1629）年8月のこと。細川家の「御書附幷御書部」に、忠利が熱海から国もとの重臣に宛てた手紙が収められている。そここには7月19日に将軍から湯治の許可が出たこと、熱海に来湯したのが8月2日であったこと、嗣子の六丸が痰気があるので連れてきたところ、お湯の効き目がとてもあること、癪《しゃく》持ち、痰持ちの家来にもよく効いたことなどが書かれている。

ところが忠利には効かず、8月24、25日までの滞在予定を切り上げ、11日には熱海をたって江戸に戻ったとある。

一方で、鹿児島城主島津光久のように、寛永17（1640）年と寛文11（1671）年の2度熱海湯治をしている例もある。薩摩（鹿児島）は温泉の宝庫で、また参勤交代の街道筋にある肥後（熊本）の日奈久《ひなぐ》温泉を好んだように、光久は生来の温泉好きだったようだ。

◎参勤交代の道中で温泉をはしごした諸大名。それを許した温泉好きの歴代徳川将軍たち

温泉好きといえば、上には上がいる。盛岡藩3代南部重直だ。万治元（1658）年に熱海で湯治したことが今井家の宿帳に記されている。

盛岡藩の記録『書留』によると、重直がいかに温泉好きであったかがわかる。寛永21（1644）年に箱根の底倉温泉、正保2（1645）年の春に那須温泉、夏には塩原温泉、承応4（1655）年には伊東で湯治をし、帰路に熱海と鎌倉に寄るといった具合である。

いずれも参勤交代で江戸に詰めていた時を利用したものだ。

◇大名の江戸在府中の熱海湯治は温泉に加えて狩りも楽しんだ

参勤交代で在府の際、諸大名は熱海湯治を楽しんだが、必ずしもひたすら温泉三昧というわけではなかったようだ。

加賀藩5代藩主、前田綱紀《つなのり》は、文人大名の誉れ高く、蔵書家としても聞こえた。新井白石が「加州は天下の書府なり」とうらやんだほどだ。『松雲院様熱海御入湯一巻』によれば、綱紀は万治2（1659）年2月に熱海で湯治している。

綱紀の湯治行列が江戸をたったのは8日で、熱海に到着したのは18日であった。もちろん熱海までこれほどの日数を必要としたわけではない。綱紀は相州新戸にある前田家の鷹場に向かい、9日から17日まで鷹狩りなどを楽しんでいたのだ。

13日に磯部山と当麻《たいま》山では勢子600人、16日の忍田山の鹿狩りでは1000人も動員したとあるから勇壮な狩りであった。

18日に熱海に到着し、今井半太夫の本陣に逗留したことが今井家の宿帳に記されている。綱紀は21日まで湯治に専念していたようだが、退屈したのか22日にはまた熱海山で猪狩りをしている。「熱海山猪あり、難所にて犬も走りかね、人足難レ計」(『御入湯一巻』)。24日には海岸に出て、漁師に網を曳かせて、これを見物。翌25日には鶉鷹野を行う。江戸前期では湯治三昧といったのどかな雰囲気になかったのかもしれない。天下泰平までまだ少し時を必要とした。

藩主は在国のときはしばしば藩内の温泉地で湯治をした。そうした温泉地には湯治のための別荘である「御茶屋」が設けられていた。

鳥取藩の恒例年中行事に、「御入湯は常規に非ざるも、御出の時は九月若しくは十月にして、勝見(現在の浜村温泉)、吉岡、岩井には御茶屋あり、特別の湯槽常設せらる」とある。

初代藩主、池田光仲《みつなか》以来、第12代慶徳《よしのり》(15代将軍慶喜《よしのぶ》の兄)までの235年間に、歴代の藩主は46回にわたって藩内の温泉に湯治旅行をしたというから、鳥取県には名湯が育ったわけである。

なかでも3代藩主吉泰は大の温泉好きであった。なにせ元禄13(1700)年から元文4(1739)年の間に、勝見に15回、岩井に6回湯治で逗留している(立木惇三氏の調べに拠る)。

藩政時代、温泉は山林や鉱山と同じように藩にその所有権があった。温泉を管理するための「湯守」が藩から任命され、湯守は入湯者から湯銭を徴収し、藩に「湯運上」などの税を収めた。

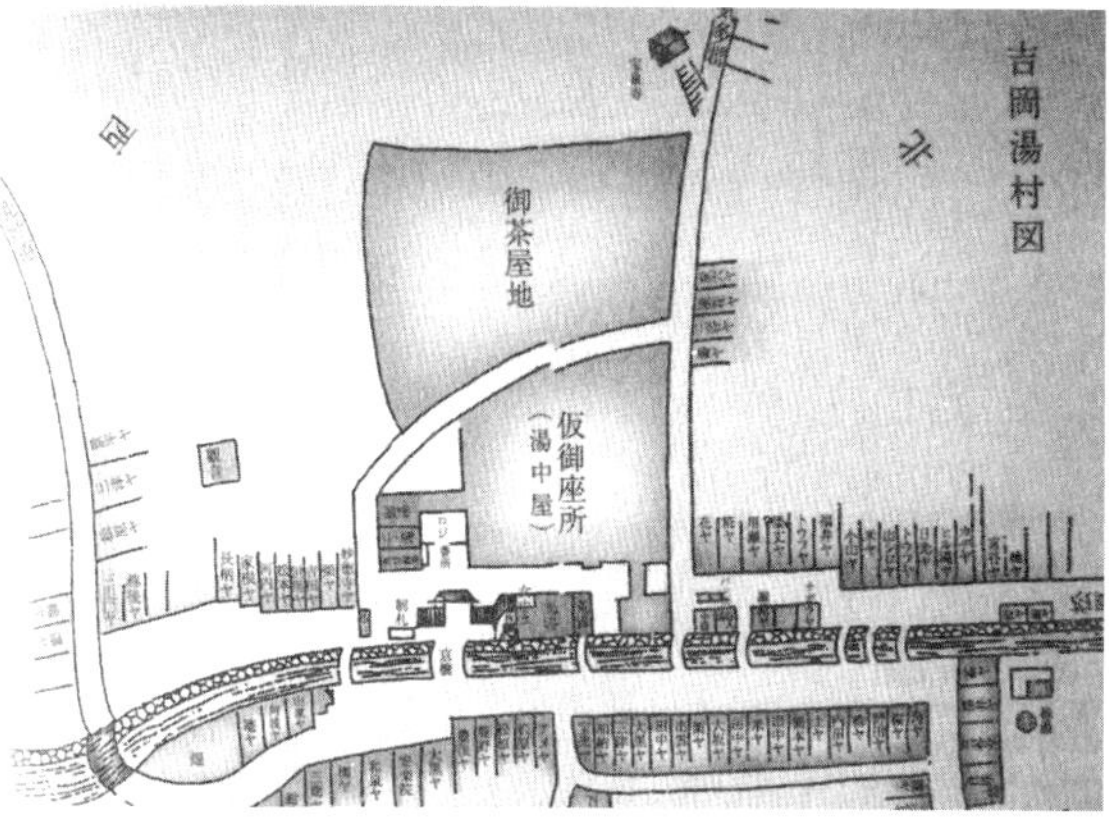

鳥取藩主の御茶屋図面。『吉岡温泉滞在日記』（平成16年）より

湯守の置かれた主な御茶屋を挙げておこう。大名お気に入りの湯治場である。

○秋田藩（秋田県）＝大滝《おおたき》温泉
○仙台藩（宮城県）＝秋保《あきう》温泉、青根《あおね》温泉
○松本藩（長野県）＝浅間《あさま》温泉
○高田藩（新潟県）＝赤倉《あかくら》温泉
○加賀藩（石川県）＝山代《やましろ》温泉、深谷《ふかたに》温泉
○松江藩（島根県）＝玉造温泉、鷺《さぎ》ノ湯温泉
○長州藩（山口県）＝川棚温泉、俵山温泉
○熊本藩（熊本県）＝立願寺《りゅうがんじ》温泉、湯ノ谷温泉
○薩摩藩（鹿児島県）＝湯之元温泉、市比野《いちひの》温泉

将軍家御用の御汲湯

◇愛知県に多く見られるタンクローリー湯。ルーツは三河出身の徳川家康だった⁉

だいぶ前のことだが、名古屋の『中日新聞』に、ちょっと衝撃的な記事が載っていた。

「……278施設のうち95施設が県内のほか岐阜、三重、長野県の源泉からタンクローリーで温泉を運搬して利用。運搬頻度は月に1回が28ヵ所、1週間に1度が11ヵ所、毎日が2ヵ所、不定期が54ヵ所」だった。

県自然環境課は「湯の交換が適正にできているか若干心配があり、事業者には十分に注意してもらうよう指導していく」としている。

愛知県内の温泉を利用している278施設のうち、タンクローリーで他県などから源泉を搬入している施設が95、つまり34％がタンクローリー湯というのは驚きだった。愛知県は全国一のタンクローリー湯の密集地帯に違いない。まさか三河（愛知県）出身の徳川家康が汲み湯、今でいうタンクローリー湯の元祖であったためではあるまい。

有馬温泉を愛した秀吉をはじめ、もともと愛知県人は温泉好きなのである。ところが愛知は昔から温泉に恵まれない。岐阜の下呂温泉を名古屋の奥座敷として発展させてきたが、やはり日常的に温泉気分に浸りたいという気持ちは、日本人なら理解できる。

今、家康がタンクローリー湯の元祖、と書いた。上方では江戸期以前にも高貴な人が有馬の湯を運ばせる汲み湯があったようだが、やはり知名度は家康の汲み湯にかなわない。なにしろこちらは『大日本史料』にも記録されているのである。

◇熱海、箱根、草津……、江戸城へ運ばれた御汲湯の気になる質を推測してみると……

正保元（1644）年に箱根七湯の木賀温泉から、3代将軍家光への最初の献上湯が2樽運ばれた。熱海からは病弱だった4代将軍家綱への献上湯が、寛文2（1662）年に運ばれ、将軍家御用の御汲湯が本格的に始まる。

熱海の大湯源泉は98度の名だたる高温泉であった。

湯温はどうなったか、興味のあるところだ。当時の記録はない。

「熱海から御汲湯を江戸城に運ぶ（想像図）」。『熱海歴史年表』（平成9年）より。著者所蔵

ただ数年前、北海道の川湯温泉観光協会で、約380キロ離れたJR札幌駅前で足湯のサービスをするために約62度の源泉を運んだ際の報告がある。1トン用のポリタンクに源泉を詰め、9時間かけて搬送したところ、10度程度しか下がらなかったというのである。

将軍家の人々が、新鮮な熱海の源泉を堪能していたことは間違いなさそうだ。

◎江戸でも将軍様御用達の名湯が庶民に大はやり

吉宗は温泉は鮮度が命であることを知っていたようだ。

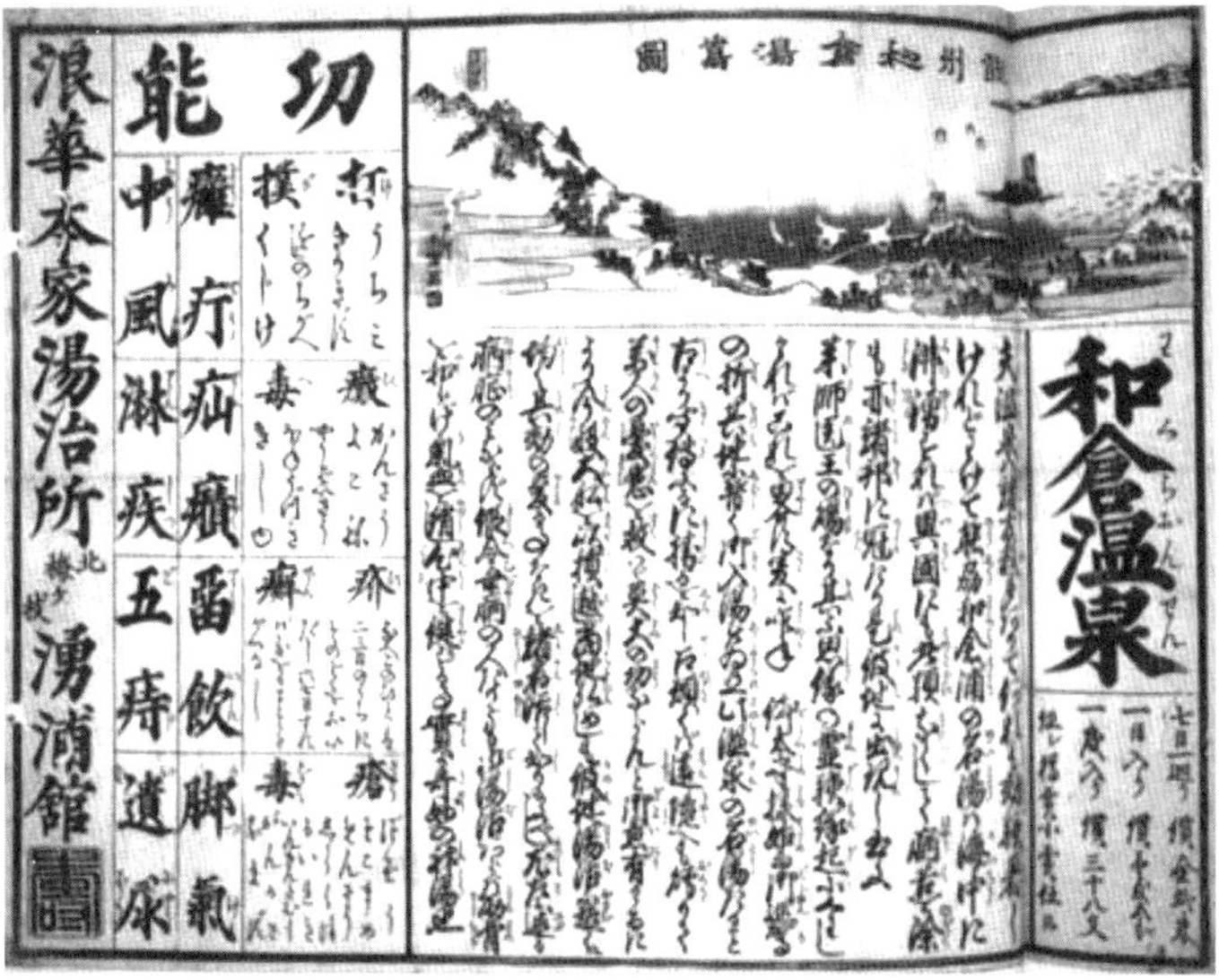

和倉温泉の引札。『図説　七尾の歴史と文化』（平成11年）より。著者所蔵

後に吉宗は、高速で海上を走れる押送船（小廻船ともいう）で大量に温泉を運ばせている。

江戸の商人が、将軍様の名湯に目を付けるのは時間の問題だった。熱海から運んできたという温泉が浴槽に満たされた湯屋（銭湯）がたちまち繁盛する。

大坂では、能登の和倉《わくら》の湯が人気があった。

『図説　七尾の歴史と文化』によると、天保8（1837）年2月、大塩平八郎の乱が起きた際に、その残党が能登国富来《とぎ》町の福浦で「何処へ行くのか」と検問にあったとき、その1人が

JR 熱海駅前の足湯「家康の湯」

「和倉温泉へ湯治に行く」と答えるほど、大坂人に知れ渡っていた温泉だった。

そのため和倉の湯は、金沢や富山、大坂まで樽に詰められて船で運ばれるようになった。

藩では財源となると考え、4斗樽（72リットル）1本につき銀1匁（米一升ほどの値）を取り、樽に極印を打ち偽《にせ》温泉を取り締まった。

もっとも、温泉は現地へ足を運ぶのがベストとの認識は、江戸時代にはすでに広まっていた。経験則から、現地の湧き立ての湯を浴びることの霊験あらたかさを知っていたのである。もちろん転地による効果も侮れなかった。

◇劣化した温泉なら薬湯の方が効果がある

延享3（1746）年に平活斎《たいらかつさい》が著した『温泉小説』に次のように書かれている。

「樽に湯を入れて取りよせて浴するものがある。医者も、それはよいことだと賛成、許している。これは非常な誤りである。身近な例でいえば、昨日汲んで置いた水と、今新しく汲んだ水とでは、水の性質が違っている、まして、遠い地から来て、熱い温泉の湯を、樽に入れて持ち帰り、日数を経ると、湯の気はいうまでもなく腐った水になる、これを浴びれば害毒がある、果たして、10人中、8、9人まで汲み湯を浴して効能があったという事を見聞したことはない。従って汲み湯に入浴するよりは、五木湯《ごぼくゆ》や八草湯《はっそうゆ》などの湯がはるかにすぐれている」（小笠原眞澄・小笠原春夫編著『訓解温泉小説』）

平活斎の説は正論である。汲み湯（水）は時間と共に酸化するからである。

五木湯は手足の痛み、しびれに、八草湯は寒気湿気による痛みや諸種の瘡の類に効くといわれていた。いずれも室町時代から始まったと思われる。

秀吉の温泉保護

◇天下統一で疲弊した体を癒すため湯治場に選んだのが有馬温泉であった

温泉好きの武将といえばやはり豊臣秀吉だろう。秀吉はわが国屈指の古湯・有馬（兵庫県）でたびたび湯治をしており、記録に残されているものだけでもその回数は9回にも及んでいる。

有馬の繁華街に隣接しながら、その賑わいがうそのように静まり返っている一角がある。神亀元（724）年、行基上人によって創建された有馬山温泉寺や湯泉《とうせん》神社、さらには念仏寺、極楽寺などの古刹が、古湯の歴史を今に伝える、本来温泉街の核となるべきエリアである。

平成7年1月の阪神・淡路大震災で壊れた極楽寺の庫裏《くり》下から、秀吉が造らせた別荘

「湯山御殿《ゆのやまごてん》」の一部とみられる湯風呂や庭園の遺構、瓦、茶器などが出土した。昔から有馬では「太閤さんの湯殿がある」と言い伝えられていたのだが、震災と引き替えに400年の時を経て発見されることになった。

秀吉が天正11（1583）年以来、たびたび有馬で湯治していたことはよく知られている。当初、有馬滞在の宿舎として、現在の天神泉源付近にあった「阿弥陀堂」を利用していたようだ。

湯治の回数を重ねるたびに、秀吉は有馬の湯が心身を癒すうえで欠かせないことを悟った。文禄3（1594）年、秀吉はここに別荘を造営したのである。

側近の有馬豊氏、蒔田広光などを奉行に命じ、大がかりな工事を行っている。別荘建設のために取り壊された家屋が65軒にも及んだというから、通常の規模を超えたものであったことが想像できる。民家だけでなく、御所坊、下大坊、素麺屋、角坊、尼崎坊、中坊、池坊など、鎌倉時代以降知られていた二十坊の大宿をはじめ小宿もその中に含まれていた。しかも当時唯一の泉源（現在の外湯「金の湯」の位置にあった）を別荘に引き込むものであったというから、有馬温泉にとって相当の打撃となったに違いない。

この時の65軒の名と補償額の詳細が残されている。最高額は二十坊のひとつ、下大坊で、

有馬温泉「一の湯」。『有馬温泉小鑑』（貞享2年＝1685年）より。著者所蔵

米8石5斗が与えられ、地子銀（地方税）12匁3分を免除されている。最低は貞三郎という者で、米1斗1升3合5勺をもらい、地子銀2匁1分5厘を免除されただけであった。

歴史上有名な豊臣秀吉と有馬温泉の関係の陰には、このような強制立ち退きがあったということも知っておかねばならない。

山麓の狭い土地に泉源が1本しかなかった有馬の悲劇と言ったらいいだろうか。もっとも、別荘の下に共同浴場を造り、秀吉の風呂からあふれた温泉を使わせる配慮はあった。

◇有馬温泉を襲った慶長伏見大地震。復興の影に秀吉の援助あり

文禄3（1594）年12月6日、秀吉は北政所を伴って完成した別荘を訪れている。織田信長の次男、信雄をはじめ、側近の長束正家、石田三成、浅野長政、それに御共衆を含め、随行者の数は総勢170名にも及んだ。

地元有馬の湯町の人々は秀吉・北政所夫妻を歓迎し、またお祝いの献上の品々を別荘に届ける宿主たちも多かった。これに応えて秀吉は、有馬に米100石を与えると共に薬師堂、阿弥陀堂、極楽寺などに金子、米などを寄進した記録が残されている。この時、秀吉は1週間の湯治をして、大坂へ帰っている。

その2年後の慶長元（1596）年7月13日、近畿一帯を大地震が襲い、秀吉の別荘も倒壊したが、温泉の温度が急上昇した。翌年、秀吉は地元の懇願を受け泉源を改修し、共同浴場を改築するなど復興に尽くした。

この際、先の65軒に土地が返されたのは不幸中の幸いと言うべきか。

◇愛する有馬温泉に湧いた新源泉。喜んで別荘を移転した秀吉だったが……

善福寺住職の大清宗灌による『有馬縁起』（慶長4年）に、その時の様子が書かれている。「熱塩湯湧出し、湯玉の立つこと一尺五十余、譬《たと》へば大雨の後、俄かに洪水流れて陸地を掘り穿《うが》つが如く、諸人目を驚かし肝を消す計りなり」

新湯誕生に喜んだ秀吉は、別荘の移転を指示した。今度は温泉寺奥の院と伊勢屋など、数軒の立ち退きですんだようだ。

秀吉がいくら温泉好きとはいえ、有馬に来られるのはせいぜい年に1、2度だから、主が留守の間、自由に使ってもよいと言うのである。秀吉が行基、仁西と共に有馬の三恩人と言われる所以《ゆえん》だ。

慶長3（1598）年の3月15日、有名な醍醐《だいご》の花見の宴を開くが、その頃から秀吉の体調が悪化する。5月8日から有馬での湯治が予定されていたが、大雨のため中止とある（『義演准后日記』）。だが、本当の理由は病のためと思われる。

その3か月後の8月18日、63年の波乱に富んだ生涯を閉じたからである。つまり秀吉は、新湯を引いた別荘「湯山御殿」に足を運ぶことは叶わなかったのである。

秀吉は湯治は心身を癒す最良の方法と考えていた。いかに彼が温泉を信頼していたかは文禄3（1594）年4月22日付で、側室の西の丸殿（京極殿《きょうごく》）に与えた書状の追而書《おってがき》を読むとよくわかる。

「返すがえす目は大切なところであるから、そのために湯治させる次第だ。自分と一緒でないのにあえて湯治させるのは、初めてのことなので、どの程度入浴させるべきか計りえず残念であるが、もしそなたの目が悪化してはと考えて、心残りではあるが湯治させる次第である。やいと（灸のこと）などを行えばよくなるのではなかろうか。打肩は癒えたことと思うが、願いのとおり湯治させた次第である。打肩には、湯から上がったとき、やいとをすると効くようだ」（『秋元興朝氏所蔵文書』）

秀吉は湯治で血行を良くしたうえで、灸をすえることを勧めている。理に適った理論だ。

秀吉は天下統一の戦さの後など、その生涯の節目ごとに有馬湯治を行って心身の再生を図っていたが、新湯への入湯は叶わなかった。

◇近年ようやく発見された湯山御殿の跡。でもそこは葵の御紋を掲げる地であった

長い間、有馬では極楽寺、念仏寺のあたりに秀吉の湯山御殿があったと言い伝えられていた。

実は極楽寺と念仏寺は徳川家ゆかりの浄土宗のお寺で、現在も棟に三つ葉葵の御紋が輝いている。極楽寺の本堂に綱吉の生母桂昌院の奉納した厨子《ずし》がある。

徳川家は豊臣家ゆかりの城などを徹底的に破壊したことはよく知られているが、有馬の秀吉の湯屋も同じような運命をたどったに違いない。

現在、「神戸市立太閤の湯殿館」では、400年の時を経て発見された岩風呂遺構、むし風呂遺構、庭園など、天下人・豊臣秀吉の夢のあとを見ることができる。

◆温泉で治す

温泉医学の舞台・城崎

◇開湯1400年を誇る城崎温泉、全国デビューのきっかけは医学

手ぬぐいを下げて外湯に行く朝の　旅の心を駒げたの音

与謝野鉄幹は昭和5（1930）年、妻の晶子と山陰の古湯・城崎《きのさき》（兵庫県）に遊び、この一首をしたためた。

日本海に注ぐ円山《まるやま》川の支流、大谿《おおたに》川が温泉街の中心を流れる湯の街・城崎。石造りの太鼓橋のたもと、しだれ柳の並木が映える川面に鯉や水鳥が遊ぶ。その両岸に軒を連ねる風情たっぷりの湯宿――。

城崎といえば外湯巡りである。宿には何十種類もの浴衣が用意されていて、若い女性グループやカップルがお気に入りの浴衣を着て外湯を巡る姿は城崎ならではの光景だ。

さとの湯、地蔵湯、鴻《こう》の湯、まんだら湯など城崎の外湯7湯のうち、一番人気の「一の湯」に隣接する僅かばかりの土地に、与謝野晶子の歌碑と並んで、「海内第一泉」と刻まれた御影石の碑が建っている。

「元禄の昔、杏林《きょうりん》の名家艮山《こんざん》は此地の新湯に浴して之を第一位に推し、その門人香川太仲は更に『一本堂薬選』を著して最第一湯とし、爾来泉名とみに江湖に伝わるに至った」。開湯1400年といわれる名湯、城崎が辺境の地にありながら、すでに江戸中期にその名が知れ渡ることになったのは、実はこの碑文に出てくる後藤艮山、香川修徳（太仲）のお陰なのである。

日本人は古来、温泉の効能を経験的によく知っていた。ところが科学的な温泉療法が研究され始めたのは江戸時代に入ってからと比較的遅い。『養生訓《ようじょうくん》』で有名な貝原益軒《かいばらえきけん》も『有馬湯山記』（1711年）の中で温泉入浴法について詳しく記しているが、本格的に温泉を治病に用いたのは、当代随一の名医と謳われていた後藤艮山であった。艮山の真骨頂は伝統にとらわれない自由な発想にあった。

時代劇などでよく髪を頭のてっぺんで丸めてちょこんと束ねた庶民派の町医者を見るが、あれは艮山が元祖で後藤派と呼ばれていたもの。そんな艮山だから、当時の庶民には高嶺の花だった高価な漢方薬に代わって、治療に役立つものであればなんでも採用した。だから温泉場で庶民が湯治をしている姿を目の当たりにした艮山が、温泉に着目したとしても何ら不思議はなかった。

万治2（1659）年、江戸に生まれた艮山は27歳のとき父母とともに京都に移った。「我れ儒たらんか、伊藤仁斎に上たり難し。我れ僧たらんか、隠元に兄たり難し。已むなくんば則ち医か」と、決心する。

かくして艮山は銭一貫文を礼物《みやげ》とし、名古屋の玄医の門を叩くが玄医は艮山の礼物が少ないので面会すらしなかった。憤慨した艮山は自ら奮って刻苦勉励し、ついに弟子200人を抱える古医方派の第一人者となる。

◇**城崎で温泉に目覚めた後藤艮山、本格的に効能を研究し始める**

江戸と京都で暮らした艮山は温泉に入る機会に恵まれなかった。そんな艮山が温泉の効能について医学的に研究し始めたのは51歳のとき、湯嶋温泉（現在の城崎温泉）新湯《あらゆ》に浴してからであった。

艮山は、あらゆる病気は「陽の気」と「陰の気」のアンバランスから生じると唱えた。この気は陰陽五行の気ではなく、天地万物を育成する「元気」である。人間の皮膚や五臓六腑はすべてこの気を受けて働く。気がどこかに留滞して動かなければそこに病変が起こる。この留滞を解くには温泉成分が一番良いと考えたのである。

艮山は実際の治療には多くの場合灸治を行い、また温泉治療を勧め、熊《くま》の胆《い》を使ったため、「湯熊灸庵《とうゆうきゅうあん》」とも呼ばれたという。

中国医学一辺倒の時代にあって、艮山は一気留滞《いっきりゅうたい》論を説き、独自の医学論を打ち立て医学界に新風を送ると同時に、それが温泉医学の第一歩を印すことにもなった。

◇江戸中期の名医、香川修徳が評価「日本一の温泉」守り続ける城崎

「此邦《このくに》諸州温泉極めて多し、而《しか》して但州《たんしゅう》城崎新湯を最第一とす」（香川修徳『一本堂薬選続編』）

城崎には三恩人がいた。1人は冒頭の新湯（現在の外湯「一の湯」）を日本一と称えた香川修徳。2人目は玄武洞《げんぶどう》の名付け親、柴野栗山《りつざん》（幕府の儒官《じゅかん》）、3人目は小説『城の崎にて』

の志賀直哉。

なかでも城崎を「日本一の温泉」と評した香川修徳（1683〜1755年）の言葉は絶大な影響力をもったようだ。平成の今日、日本人の原風景である「温泉情緒たっぷりの湯の街」は城崎をおいて他にないことにも表れている。城崎の人々が「日本一の温泉」と評価された「一の湯」を守りながら、あくまでも外湯を核とした温泉街形成の歴史を尊重し、守ってきたからに違いない。

香川修徳は江戸中期の名医、後藤艮山の門下生である。前述一気留滞論を唱えるなど、独自の医学論を打ち立て医学界の風雲児として一世を風靡《ふうび》した艮山の下で、数多くの門下生が育った。その数200人という。香川修徳はその一番弟子であった。姫路生まれの修徳は18歳で京都に上り、艮山について医を学ぶ一方、師の勧めで伊藤仁斎の下で儒学を修める。

修徳は元文3（1738）年に『一本堂薬選続編』を出版した。その中で、温泉の効能をもって、城崎を「最第一とす」と激賞し、「摂州の有馬、豆州の熱海これに亜《つ》ぐ」と評価した。また、本宮（現在の和歌山県湯の峰温泉）、草津、山中、箱根、道後などの温泉については、「浴者絶えず」と記した。

城崎温泉を代表する外湯「一の湯」

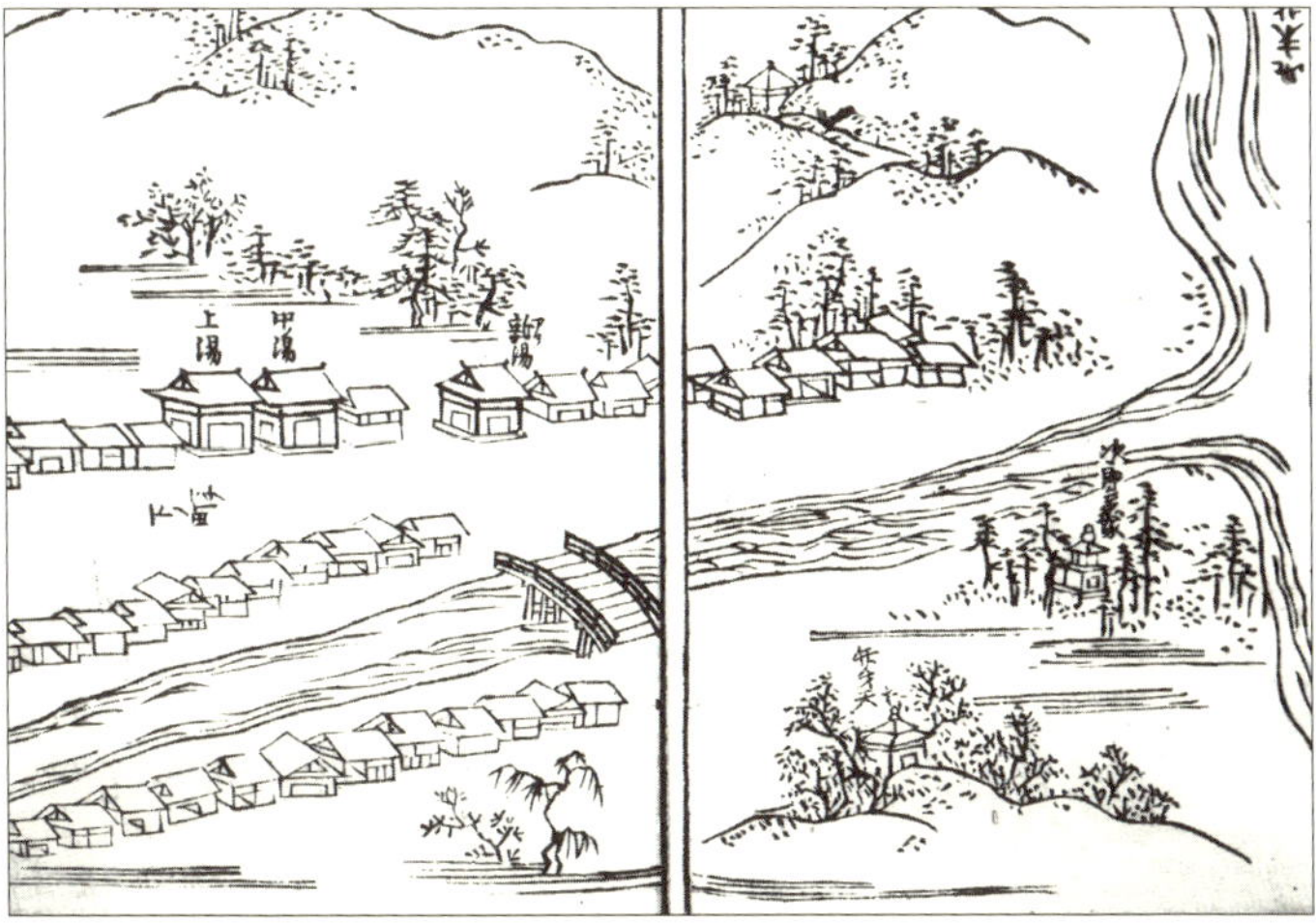

江戸期の城崎絵図。河合章尭『但馬湯嶋道之記』（享保18年）より。著者所蔵

ただ、こうした評価は修徳個人のものではなく、師である後藤艮山の教えに基づいたものであった。艮山は著書を残さなかったため、修徳は師の遺志を継いだのである。

艮山の城崎温泉に対する評価はかなり知れ渡っていたようだ。というのは『一本堂薬選続編』が出版されるより前の享保18（1733）年に刊行された、岡山藩士の河合章尭《かわいあきたか》の『但馬《たじま》湯嶋道之記』に次のような記述が見えるからである。

「京都の医師後藤左一郎（艮山）此湯の諸病に効ある事を考えて説き、広めしゆえに…入浴の者多し」

河合章尭が城崎（湯嶋）を訪れたのは享保13（1728）年9月のことで、お伊勢参りの帰りであった。その頃城崎には、新湯、中の湯、上湯、御所の湯、陣屋（代官専用）、曼荼羅湯の6か所の外湯があった。艮山と修徳が日本一の温泉と絶賛した新湯には当時、一の湯、二の湯のふたつの浴槽があったことが知られている。

日本初の温泉化学者、宇田川榕菴

◇日本の自然科学の父、榕菴は温泉を化学的に分析した先駆者

江戸時代に活躍した蘭学者で津山藩医であった宇田川榕菴《うだがわようあん》（1798〜1846年）は、温泉化学の先駆者でもあった。

日本の自然科学の父と呼ばれる榕菴は、オランダ語、ドイツ語、英語に通じ、現在でも使われている数々の科学用語を考案した。その代表的なものは、元素、酸素、窒素、水素、炭素などである。榕菴が使用した「〜素」は、後に漢字の本場、中国でも採用されるほど適切なものであった。

宇田川榕菴の名を高めたのは全21巻から成る大冊の翻訳・著作『舎密《せいみ》開宗《かいそう》』（1837〜47年）で、外編3巻が温泉化学に割かれている。

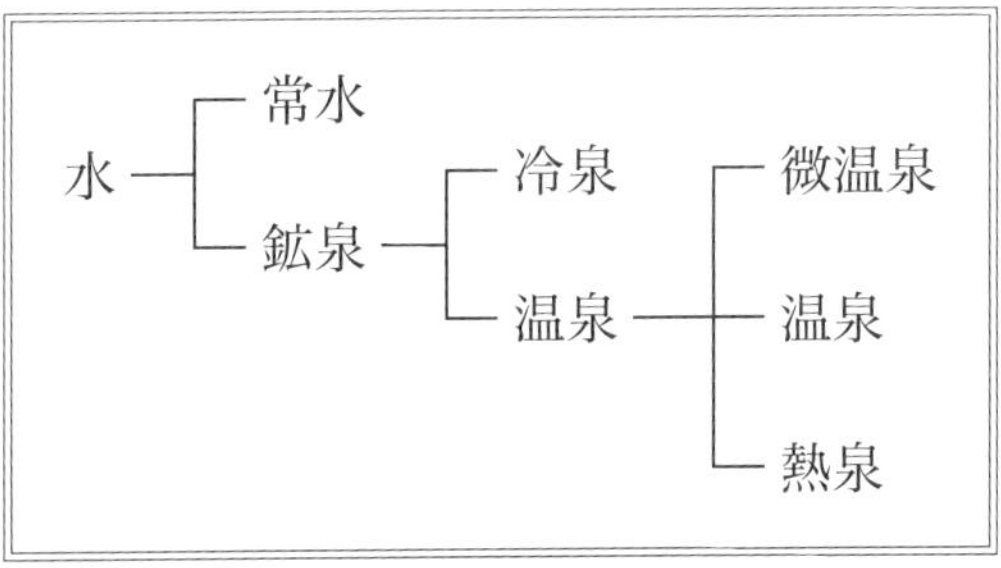

図表21　水・温泉の分類。『日本鉱泉誌』（明治19年）より。
著者所蔵

日本でもヨーロッパでも分析学は温泉の研究から発達したといわれる。榕菴はその著『諸国温泉試説』の中で、文政11（1828）年から各地で温泉分析を行った記録をまとめている。榕菴が分析の方法として、試薬による化学分析と、視覚、味覚による分析を併用している点は慧眼というべきだろう。

　榕菴は鉱泉を温度によって五つに分類した。熱泉、温泉、暖泉、冷泉、寒泉である。注意したいのは温泉が鉱泉の一部として分類されている点だ。これはヨーロッパにおいても同様である。

　読者の中で「温泉」と「鉱泉」の区別をはっきり説明できる人はどれだけいるだろうか。鉱泉を泉温の低い温泉として、温泉より下に位置づけてはいなかっただろうか。本来、温泉の方が鉱泉の下にあったのである。『舎密開宗』を受けて明治19（1886）年に内務省衛生局から出された『日本鉱泉誌』でも、鉱泉は【図表21】のように温度によって温泉と冷泉に分類されている。つまり濃厚な鉱水（泉）とは、常水に対して、鉱物質を含んだ水を指す。成分は濃いが温度の低い鉱泉を冷泉と称したのである。

榕菴の後、温泉の化学的研究は遅々として進んでいないように思われる。わが国における温泉研究は、スタート当初からもっぱら薬理学的研究、つまり医学的研究に偏重していたきらいがあった。温泉の効能を温泉分析によって得られる成分によってのみ説明できると考えたからに違いない。土台となる化学的研究が軽んじられたのである。たとえば温泉にはホルモンの分泌を本来の数値に近づけようとする〝正常化作用〟があることは知られているが、なぜなのか解明されていない。温泉に秘められている生物学的〝活性〟の解明が待たれる。

小野小町が発見した美人湯の効能

◇科学的に裏づけされた〝美肌〟の湯

花の色は移りにけりないたづらに　わが身世にふるながめせし間に

絶世の美女と謳われ、また歌人としても六歌仙に選ばれるほど傑出していた小野小町は、平安時代以降、才色兼備の女性の鑑とされてきた。

秋田県湯沢市の郊外、秋の宮温泉郷のある雄勝《おがち》に生まれたといわれる小町は、13歳にして京の都にのぼり20年ほど宮中に仕え、36歳で帰郷する。

晩年は世を避け、冒頭の歌のように衰えゆく美貌を嘆きつつ、生涯独身のまま92歳で世を去ったなどと伝えられているが、真偽のほどは定かではない。いかにも人気の歌人らしく、小町の足跡は諸国に及んでいる。そのひとつに山形県米沢市郊外の小野川温泉がある。最《も》上《がみ》川の源流、鬼《お》面《もの》川の河畔に湧く共同浴場「尼湯」に、「承和元（834）年、小野小町開湯」の案内板が掲げられている。

後に伊達政宗も湯治したという小野川温泉は現在、20軒ほどの温泉宿が軒を連ね、米沢の奥座敷といった雰囲気を醸し出している。

小野川は美人の代名詞にまでなっている小町が発見した温泉だけに、美肌の湯として知られる。ここの湯で髪を洗うとつやのある黒髪になるとの噂もある。

小野川のように硫化水素を含んだ温泉は、科学的にも美人の湯といっていいだろう。皮膚の古い角質層を除くうえ、殺菌作用がある。しかも角質層に含まれるメラニン色素を溶かし、同時に紫外線から肌

小野川温泉では飲泉ができる。「尼湯」の前

を保護する働きもあるから美肌効果が高い。

「日本三大美人の湯」と称する温泉がある。群馬県川中《かわなか》温泉、和歌山県龍神温泉、島根県湯の川温泉である。12年ほど前、そのひとつ川中温泉「かど半旅館」の女将、小林タミ子さんに会って驚いた。78歳のご高齢にもかかわらず、顔にシミひとつなかったからだ。肌年齢は40代とのことであった。

温泉にはスキンケアの基本である「洗浄作用」「保湿作用」「活性作用」がある。なかでも美肌効果が高いのは弱アルカリ性の温泉。ただし、高温だと皮脂が洗われ過ぎて乾燥するので、ぬるめの湯を選ぶのがポイントだ。

肌をスベスベにする代表的な三つの泉質の特徴を簡単に記しておくと――。
①重曹泉＝皮膚の古い角質を落とし、保湿作用が高い。
②石膏泉＝皮膚の弾力性を回復し、肌を引き締める。
③（アルカリ性の）硫黄泉＝殺菌作用に優れ、美肌効果が高い。
湯上がり後の保湿効果を持続させるためには、早めに保湿剤をたっぷり塗ること。また、発汗によって失われた体内のミネラル分を補給するため、お茶などで水分を取ることも忘れないようにしたい。飲泉可能な温泉ならなおいい。

草津の名を世界に広めたベルツ博士

◇明治政府に招かれた日本近代医学の父、エルウィン・ベルツ博士と温泉との出会い

草津温泉の源泉地のひとつ、西の河原公園の丘の上に「ベルツ先生記念碑」が立っている。昭和10（1935）年に建立されたものだ。また平成12年には草津町の入口に当たる道の駅の2階に「ベルツ記念館」が開館し、ベルツ博士を顕彰し、草津温泉との関わりの深さを国内外の人々に伝えている。

江戸時代以降、わが国を代表する温泉地として発展してきた草津に最も影響を与えたのが、ドイツ人ベルツであった。草津が近年「泉質主義宣言」をしたのも、ベルツの草津に対する評価を真摯に受け止めてきたことの表れだろう。

明治政府は欧米先進国から優れた人材を招聘《しょうへい》する必要性を認め、いわゆるお雇い外国人

を招いた。その1人が内科医師エルウィン・ベルツ（1849〜1913年）であった。ベルツが2か月の船旅の末に横浜港に着いたのは明治9（1876）年6月。27歳の青年医師は当初、東京医学校（現・東京大学医学部）内科正教授として2年契約で来日したのだが、後に日本人女性と結婚し29年もの長きにわたって日本で生活することになろうとは夢にも思わなかったに違いない。

「幕末から明治中期にかけて何人ものお雇い外人医師が日本各地で活躍したが、ベルツほど広範でかつ長期にわたる影響を及ぼしたものはない。弟子の数もベルツに匹敵する者はいない。ベルツが『日本の近代医学の父』と呼ばれるのもこうしたことによるのである」（酒井シヅ「エルウィン・ベルツのこと」『ベルツの日記』（上）に収録）

ベルツは日本の伝統的なものに深い愛情をもって接し、しかもそれに積極的に価値を見いだした。その代表的なものに温泉があった。

明治17（1884）年にベルツは「持続温泉について」と題する論文を『ベルリン臨床医学雑誌』に発表している。これは川中温泉（群馬県）の長時間浴法に関するもので、わが国の伝統的な温泉治療を海外に報告した最初のものといわれる。

◇草津温泉の湯に魅了されたベルツ、次々と世界に向けて論文を発表

ベルツが最初に草津を訪れたのは明治11（1878）年の夏ではなかったかといわれている。ここでベルツを驚愕させたのは、濃い硫黄臭を漂わせた熱湯の大噴泉「湯畑」である。毎分5000リットルといわれる大量の温泉が噴き出し、それが滝となって落下する。こんな光景はヨーロッパのどこを探しても見ることはできない。

「全く神秘的な草津温泉の効能を最を適切に表しているのは、日本の有名な小うた『お医者さまでも草津の湯でも、恋の病はなおりゃせぬ』である。ふつうあれほどの痼癪《かんしゃく》ですら、往々にして全治することがあり、少なくとも大抵は快方に向かうのを常とする」（『ベルツの日記』）

「時間湯《じかんゆ》」に代表される草津独特の入浴法とその効き目は、若き医師を魅了したようだ。とりわけ当時はまだこれといった治療法がなかった梅毒が、草津の湯で治癒することに強い関心をもった。その研究は、ライプチヒ大学で発表した論文「出血性梅毒」などにまとめられた。

一方で、ベルツは、これだけの効能をもちながら、難病を患う浴客が屋根掛けしただけの粗末な共同湯に浸かるだけで、何ら医学的処置が施されないことに驚きを禁じ得なかっ

た。

◎ベルツの心を捉えた草津の時間湯、世界でも珍しい高温浴を高く評価

草津の12の入浴法とは次のものである。「打たせ湯」「うすめ湯」「目洗い湯」「飲み湯」「あわせ湯」「かっけの湯」「熱《あつ》の湯《ゆ》」「温湯《ぬるゆ》」「浅湯」「深湯」「むし湯」「時間湯」。わが国ではこれに「長湯」「砂湯」「地むし」を加えた15の入浴法が昔から知られている。

「あわせ湯」というのは、水で割った低温の湯と、源泉のままの高温の湯に交互に入る入浴法。「かっけの湯」は流れる温泉に足を浸す入浴法のことである。

草津名物の「時間湯」は、現在は48度、ベルツが訪れた頃は51度の高温泉に3分間ずつ集団で入浴するという、死を賭しての刺激療法、鍛錬療法であった。

「世界ノ最高熱泉ハ恐クハ日本草津ニ於ケル遊離塩酸及ヒ硫酸ニ富メル者ナラン、草津ニ於テハ病者ハ五十度乃至《ないし》五十四度ノ熱泉中一日五回三分間ツツ入浴スルガ為《ため》ニ……」

（ベルツ「熱水浴療論」）

ベルツは世界でも類を見ない草津の高温浴の効果を高く評価した。なかでも痛風に関して「草津は今に世界的な温泉になって、欧米からさえはるばると痛風患者が巡礼の身とな

時間湯の光景。大正期の絵葉書より。著者所蔵

っておとずれる温泉になるにちがいない」(『ベルツの日記』)とまで書いている。

草津の時間湯というと、温泉街の中央湯畑に面した「熱の湯」での湯もみショーを思い出す人が多いだろう。刺激の強い高温の硫黄泉を和らげ、冷ますための板による湯もみである。加水せず、源泉のまま入浴するための日本人の昔からの知恵でもあった。「熱の湯」では現在入浴はできず、「〽草津よいと〜こ、一度はおいで」と草津節を歌いながら湯をもむ往時を再現する観光ショーだけである。

かつてはこの「熱の湯」、隣の「白旗の湯」、今ではなくなった「松の湯」「鷲の湯」などの共同浴場で時間湯が行われていた。現在は「千代の湯」と「地蔵湯」の2か所のみである。

湯もみで48度に冷ました後、湯桁の前にひざまずいて頭にしっかりかぶり湯をする。次に身体にかける。貧血を防ぐためだ。体が熱湯に慣れた後、湯長の合図で一斉に湯舟に入る。「然《しか》レドモ高温ノ熱浴ニハ浴前、熱水ヲ頭部ニ頻回灌漑《かんがい》スルヲ以《もっ》テ脳症状ヲ防グ最上良法トナル」(「熱水浴療論」)。

ベルツの心を捉えた時間湯が草津の浴客たちによって行われ始めたのは江戸末期だといわれている。『ベルツ博士と群馬の温泉』の中で、中沢晁三氏が時間湯の成立について書いている。

◇草津の浴客らが自らあみ出した入浴法。当時蔓延していた梅毒の治療として期待

文政年間に発行された『上州草津温泉之図』の共同湯「熱の湯」のところにこんな記載がある。「ねつの湯　日に三度づつおんねつのかわりありて腹病にはやわらかな時入るべし。うちみに入りて吉。しつひぜん(湿皮癬)にはあつきとき入りてよし」。

当時全国に蔓延していて有効な治療法がなかった梅毒の対症療法として浴客が自ら考え出したのが、入浴時間を制限しての高温浴であった。

「熱の湯」は湯舟の底から湯が湧いていたが、湯舟が一杯になると、水圧で湧出が止まった。51度の高温浴を目的にする浴客が集団で入浴すると人間の体温が36度前後だから、2番目の集団が入るときは湯温が下がっている。3番目、4番目はもっと下がる。このことを熱の湯は「日に3度温熱が変わる」と表現したというのである。

ベルツとほぼ同時期の明治12年に草津を訪れた『大言海《だいげんかい》』の著者、大槻文彦はこう記している。「『梅毒は根切れだもう少しの辛抱』などと（湯長が）いへば一同声をあげて和す。熱にまけじと気を引き立つるならん」（『上毛温泉遊記』）。

◎ベルツが草津に深く惹かれた裏に温泉だけでない、他の理由もあった

ベルツが草津に魅了されたのは「全く神秘的な効能」のせいだけではなかった。湯畑を取り囲む旅館の建物の美しさは、オーストリアのチロル地方の民家をほうふつさせるものであった。

「草津は狭い盆地にある。初めてこの地を訪れた者は、日本の町というよりは、むしろ

チロール地方の村落が念頭にうかぶ。風雨で黒ずんだ木造の二階家。周囲に縁側をはりめぐらし、往来に面して正真正銘の破風（これは日本式家屋にはないものだ）があり、張り出した屋根、屋根板のおもしなど、一般にこの国では珍しい風景を呈している。町の真中（ドイツの町の『中央広場』に相当するところ）には、湯気を立てて猛烈に臭う、硫黄を含んだ熱湯の大噴泉がある」（『ベルツの日記』）

明治2（1869）年4月、温泉街の中央から出火した火は、全集落167戸を焼き尽くす大火となった。だが、ベルツが草津を訪れた明治11年頃には完全に復興していた。湯畑を取り囲むように屋根に石を載せた木造3階建ての旅館が建ち並び、その見事な建築美にベルツは心を奪われたのであった。

この建物は「せがい出し梁造り」といい、中世の京都の町屋の建築様式で温泉旅館によく使われていた。軒に腕木を出して小天井を張り、2階を出し梁にして縁側をめぐらせた建物である。

ベルツは草津に温泉保養地を開発しようとした。ところが草津村議会は、「外国人に温泉湧口の分与はできない」と、拒否してしまった。この閉鎖性が、わが国に「温泉医学」が根付くチャンスを自ら逸してしまった。

温泉の原点は湯治。俵山温泉はなぜリウマチに効くのか

◇入浴し過ぎなどを禁じた江戸後期の「四禁」は現代にも通じる入浴の心得

「湯治《とうじ》」という言葉が最初に記録に現れるのは前述のように、『新古今和歌集』の選者として知られる藤原定家（1162〜1241年）の日記『明月記』であった。

城崎は、江戸中期の元文3（1738）年に名医香川修徳が『一本堂薬選続編』の中で、「但州城崎新湯を最第一とす」と書いてから、人気はさらに高まった。

たとえば宝暦13（1763）年に『但州湯嶋道中独案内』、江戸後期の文化3（1806）年に『但馬城崎湯治指南車』、天保9（1838）年には『但州湯嶋の道草』などの湯治案内本が刊行されており、城崎ブームをうかがわせる。

「湯嶋」は現在の城崎のことで、『但州湯嶋道中独案内』に湯治の基本事項として、「四禁」

が記されている。

一、欲湯すまじきこと
一、中の湯に入まじきこと
一、色欲慎むべきこと
一、保養破るまじきこと

「欲湯」とは欲張って入浴しすぎないようにということ。普通せいぜい3、4回までである。2番目の「中の湯に入まじきこと」は、「新湯」の隣の「中の湯」で子供が死亡して以来、毒湯といわれるようになったため、避けるのが習わしだったようだ。「中の湯」の項を除いて、ここに書かれていることは今日に至るまで、湯治をする者の基本的な心得であろう。

以前、私は湯治場風情を色濃く残す俵山温泉（山口県長門市）で、夫婦ともども7泊8日の湯治をした。城崎をはじめ、かつての湯治場がことごとく観光地化した中で、俵山は山形県肘折《ひじおり》温泉と並ぶ、数少ない療養の温泉地である。

もっと正確に言うと、俵山は昔ながらの湯治場のスタイルを残す唯一の湯治場と言える。規模の小さな旅館が大半とはいえ、30軒近くもの旅館のうち、内湯を持つのは1、2軒しかない。かつては温泉場のほとんどがここのように外湯（共同湯）を利用していた。城崎でも各旅館に内風呂が造られるようになるのは昭和30年以降のことであった。

◇連泊、滞在してこそ味わいが深まる、外湯を中心とした俵山温泉の魅力

俵山温泉には江戸時代から「町の湯」と「川の湯」の2つの外湯があったが、数年前に川の湯に代わって新たに「白猿の湯」ができた。露天風呂、レストラン、足湯、それにペット風呂付きの立派な施設だ。

俵山で宿泊した旅館は「山口屋別館」「松屋旅館」「ささや旅館」の3軒。いずれも江戸時代創業の老舗で、部屋数10前後の家庭的な雰囲気の湯治旅館だ。

俵山は一部を除いてほとんどの旅館がまかない付きである。日本海の幸にも恵まれ、女将さんの手料理が湯治客の舌を楽しませてくれる。

普通、温泉旅館は3連泊もされるともうお手上げだ。板前料理のネタが尽きるからである。ところが俵山は長期滞在が主だから女将さんの家庭料理が活きる。3軒とも味はいい

しボリューム も満点。すっかり胃袋が大きくなってしまった。

俵山の温泉街の魅力は、ほとんどの宿から徒歩3分以内の位置に2つの外湯があることだろう。酒屋でも散髪屋でもすべて徒歩の範囲内で済ませられるのはありがたい。

山口屋別館の江戸中期建造の離れ「五合庵」から2、3分、いぶし銀の木造3階建てのささや旅館から30秒、2階建てだがエレベーター付きでバリアフリー対応の松屋旅館に至っては、わずか3、4秒で湯治客お目当ての外湯「町の湯」に着いた。

◇温泉分析表上の成分には表れてこない俵山温泉での湯治のゆとりによる効能

俵山温泉での湯治の目的は、分析表だけではこれといった濃厚な成分が認められないアルカリ性単純温泉が、なぜ、長年にわたって神経痛、リウマチの名湯といわれてきたのかを知るためでもあった。

戦後70年の間に、湯治は最も贅沢な療法になってしまったようだ。時間をたっぷりと必要とするからである。この国では確実性だけではなく西洋医学のスピードをお金で買ってきたともいえる。

だが湯治は単に病気の治療だけが目的ではなかった。かねてからの私の持論は西洋医学は病気を治すが、東洋医学、温泉医学（湯治）は体と心を治すというものだ。心の病は心身に優しい温泉成分と豊かな時間《とき》が治癒してくれることを、この国の人々は知っている。〝経験温泉学〟を通してである。たとえば湯治の贅沢な時間こそが、この国の紛れもない医療であり文化であった。

いま、この国の人々に必要なのは湯治の心だろう。〝余裕〟、〝ゆとり〟という言葉に置き換えてもいい。幸い時代は変わろうとしている。スローフード、スローライフという言葉がこの国に定着しつつあるのは、戦後の価値観を見直す環境が整えられてきたことの表れだろう。医療現場だけがこの流れと逆行するわけにはいかないだろう。

私たち夫婦の湯治生活は極めてシンプルで、かつ贅沢なものだった。なにせ入浴、食事、昼寝、散歩、読書、睡眠だけの毎日なのだから。入浴は午前、午後、夜の1日3回。この間に散歩と読書。1日1000ページ以上の読書三昧と入浴三昧で、精神的充足感も絶大であった。

俵山の湯客は皆外湯に行く。川の湯源泉を引湯した「白猿の湯」は皮膚病や切り傷に、「町の湯」は神経痛、リウマチに卓効があると昔からいわれてきた。

私たち夫婦は「町の湯」に通った。1回の入浴時間は約20分。額から汗が出るまで首だけ出して浸かる。上手の浴槽の温度は40度だから、長湯は苦にはならない。だが、長湯は禁物だ。ひどく疲れる。単純温泉とは信じ難い不思議と成分の濃さを感じる。

九州大学医学部（当時）の矢野良一教授が昭和28年夏から秋にかけて俵山で調査・研究した記録がある。「動物実験によると、入浴五分では反応は現れない。十分で出初め、十五分から二十分で最高に至る。その後は一時間入浴しても変わらない」。

日本温泉科学会の第3代会長を務めた九州大学医学部（当時）の高安慎一教授は、昭和4年、俵山での講演で、「固形成分の少なさの故を以て一概に温泉は効果の上に否定的なものであるとは申すことが出来ぬ」と述べている。

単純温泉だからといって温泉力を軽んじてはならないというのである。高安教授は、これはヨーロッパや中国で昔から知られている非常に僅微の薬用量で病気を治癒する療法にも通じ「等荷電点の作用」であると述べている。物質量が少ないからその働きが少ないとは断定できないというのだ。それだけに鮮度の高い温泉が求められよう。俵山温泉は現在もなお昔のままの自然湧出泉である。

この講演で高安教授は興味深いことに言及している。

「温泉の効果は転地的環境の変化の為であるとか、温度的関係にあるとか、生活状態の

露天風呂付きの共同湯「白猿の湯」

“リウマチの名湯”「町の湯」の浴室

変換によるものであるとか言ふは間違いの根本でありまして、二、三十年前私共も温泉の効果は斯ういふ理由のもとに在るものとして学生時代の講義を聴かされたものでありましたが、まことに誤謬の大なるもので有つたと思ふのであります。改めて申し上げますが、温泉には霊妙不可思議なる複雑の特殊なる性質があることが今日究明されて居るのであります」

スローフードの再評価の高まりの中で、1世紀近く前のこの国の温泉医学の遺産も再検討されていいだろう。スローな温泉浴＝湯治である。

◇湯気を大きく吸い込む、お湯を飲むなど昔からの入浴法で得られる俵山の温泉力

俵山湯治の入浴回数は1日何回が適切なのか。九州大学の矢野教授は副腎皮質機能検査によって、「好酸球減少率最高が四時間目である点より、入浴は少なくとも四時間、時には六時間以上の間隔をおくことが適当であり、頻回の入浴は疲労を増すことになるであろう」と報告。「町の湯」の営業時間を考慮すると、1日3、4回以内ということになる。この範囲であとは体調と相談してということだろう。

俵山温泉は単純温泉とはいえ、長湯は疲れるだけで、それ以上の効果はそう期待できな

い。私は浴槽から上がり卒倒した客を目の当たりにした。

「町の湯」での上手な入浴法は、時々湯気を大きく吸い込むこと、湯上がりにロビーで飲泉を併用すること。分析表の成分でこれといって皮膚から吸収されるものがないためだ。昔から俵山では「お湯を飲みなさい」といわれるが、理に適った言葉である。これは民間療法というより優れて科学である。湯治文化といってもいいものであろう。

俵山温泉の医学的研究では、先に触れたように九州大学の高安慎一教授と矢野良一教授、それに岡山大学の関正次教授が知られている。いずれも第2次世界大戦前後のものだ。

高安教授は「町の湯」の特性をその触媒作用にあるとしている（「俵山温泉の特性と二三の臨床経験」、『東京医事新誌』第2662号、昭和5年2月）。

酸素発生の実験で塩素酸カリウムを熱すると酸素が発生するが、その際、二酸化マンガンを加えるとそれがいっそう活発になる。

この時の二酸化マンガンを触媒という。二酸化マンガン自体には何の変化もないにもかかわらずその化学変化は極めて大きい。

しかも「町の湯」での実験の結果、触媒作用は温泉の湧出直後ほど大きく、2時間後には効力が急激に失われることがわかった。これを「温泉の老化現象」という。

「町の湯」は神経痛、リウマチの名湯である。この湯は筋肉に対する作用が極めて大きい。神経痛、リウマチの原因は筋肉神経の異常といわれており、俵山温泉は触媒作用によって人間本来のからだに修復しようとするエネルギーを躍動させる。

◇**医学的にも評価の高いリウマチの名湯を昔ながらに守り続ける俵山の経営者たち**

高安教授は俵山温泉での講演で、身体機能に及ぼす温泉の3つの作用を挙げた。

①内分泌又は自律神経系統に向かって働き、いろいろな影響を起こす。
②入浴による体内イオンの変化。たとえば機械の油に於けるが如きもの、つまり温泉はイオンの溶液。
③温泉の刺激作用。

高安教授は「触媒作用の基は何か?」という問いに、含有成分の総合的作用もあるが、温泉発生の地下のエネルギーの力に拠るところが大きいと答えている。後に高安教授説を裏付けるかのように、岡山大の関教授は「町の湯」にマンガンが含まれていることを指摘した。

また関教授は「道後ト俵山温泉入浴ノ線組系ニ及ボス作用」(『解剖学雑誌』第20巻第4号、昭和17年10月)の中で、俵山の特性をこう述べている。

「第一に、俵山温泉はアルカリ性が強く我国の良アルカリ性温泉の首位にあり、これは皮膚に刺激を与え、闘病に有力な細胞を動員する。第二に俵山川湯には硫黄臭がないけれども町湯にはそれがあり、硫黄臭のあるものはやはり闘病に有力な細胞を動員する」

俵山温泉の触媒作用は、「町の湯」に含有されているマンガン、リチウム、硫化水素、硫黄などが副腎皮質ホルモンの分泌を促進させ、解熱、鎮痛作用などが総合的に働いた効果である。

こうした医学的理論にも増して俵山温泉を評価すべきことは、延喜16(916)年の発見以来、この天与の湯質をここの経営者たちが確かな温泉哲学で現在もなお自然湧出のまま守り育てていることである。

伝統的温泉浴法「むし湯」

◇日本の風呂の原点と考えられるむし湯は奈良時代の瀬戸内地方の岩窟で生まれた

岩盤浴がすっかり定着した感がある。20年近く前、私の住む札幌に数軒の岩盤浴施設が開店し、話題になったものだが、その後東京にも続々誕生し女性客を中心に脚光を浴びた。岩盤浴は秋田県の玉川温泉《たまがわ》が元祖である。そう、「がんに効果がある」とのクチコミから始まった爆発的な玉川詣でで知られる、近年もっとも注目されている湯治場だ。都会での岩盤浴は、天然鉱石を敷き詰めたサウナの一種だが、玉川の本来の岩盤浴とは趣は異なる。

八幡平《はちまんたい》のうっそうたるブナの原生林が覆う中、巨大な一軒宿「玉川温泉」が立つ渓谷だけが、爆裂火口のように黄色味を帯びた火山特有の荒々しい地肌が露《あら》わで、異様な光景である。

宿泊棟の手前に、1周30分ほどの探勝遊歩道がある。その途中の玉川の湯元でもある大噴《おおぶけ》がおどろおどろしい。98度の熱湯が猛烈な勢いで噴き出しており、その量がなんと毎分9000リットル。それが幅3メートルの熱湯の川となって流れ出していく。

玉川温泉には微量のラジウムが含まれており、10年間で1ミリずつ石化してわが国唯一の「北投石《ほくとうせき》」（特別天然記念物）となる。玉川の岩盤浴は、この北投石が土中に埋まった地熱地帯（体温ほどの地温がある）にゴザを敷き、横になって毛布などにくるまりながら放射線を浴びるもの。1回に40分、これを1日に1、2度行うのがここでの習わしだ。

こうした岩盤浴は、わが国の伝統的な温泉浴法「むし湯」の一種といっていいだろう。古くから、特に温泉療法が積極的に行われるようになった江戸時代以降、「むし湯」と「滝湯」は温泉施設の定番であった。それがいつの間にか、どこの温泉地へ行ってももっぱら入浴という画一化された形態によって温泉の没個性化が進んでしまった。

むし湯とは蒸気浴のことである。北欧の乾式サウナと比べ体への負担が少ない湿式サウナは、日本人のDNAが記憶している風呂の原点といってもいい。なぜなら、奈良時代に瀬戸内地方などで海岸の岩窟を利用した石風呂《いわぶろ》が、日本の風呂の起源だと考えられているからだ。

アーチ形や四角い形に掘り抜かれた穴の中で、雑木の生木を焚き、床土を焼き尽くしてから海藻類を敷き詰める。すると海藻から塩分やヨードを含んだ大量の水蒸気が穴の中に充満する。

◇石風呂の温泉版として生まれたのが、温泉の噴気を利用した鉄輪名物「むし湯」

その後、海水に浸したムシロを床土の上に敷き、横になって全身を温める。途中、時々外に出て海水などで体を冷やしては石風呂にこもる。これを1日に2、3度繰り返すのが入浴法であった。

現代のミストサウナのようなものだったから、汗が噴き出した後の爽快感はたまらなかったろう。効用はそれだけではなかった。蒸気に多量のヨード分が含まれていたから、神経痛、リウマチ、胃弱、慢性腎臓炎ほか、さまざまな病気に卓効があった。

この石風呂の温泉版が大分県別府の鉄輪《かんなわ》温泉の「むし湯」だった。生木を焚いて海水をかけ湯気を出す代わりに、鉄輪地獄の噴気を利用したのだ。温泉だから蒸気の中に有効成分が含まれていて、呼吸器を通して体内に吸収される。

別府温泉の「鉄輪むし湯」

鉄輪むし湯はかつてはやはり石風呂と呼ばれていた。ここに最初のむし湯を造った一遍上人は伊予（愛媛県）の出身だったから、瀬戸内地方の石風呂をよく知っていたに違いない。鎌倉時代の建治２（１２７６）年のことだというから、７４０年もの歴史があることになる。石菖《せきしょう》という香りのよい薬草を敷き詰めた石室の中は、常に80度近くに保たれていて、存分に発汗した後の爽快感は現代人でも病みつきになりそうだ。

◇世の塵洗う四万《しま》温泉に残された古文書が伝えるむし湯の入浴法

わが国の伝統的な入浴法であるむし湯の形態は、別府・鉄輪の「むし湯」の他にもまだいくつかある。

●むし風呂

群馬県四万温泉は、かつては関東を代表する湯治場で現在でも湯治客用の施設が多い。

この四万に、5代将軍綱吉の時代にむし湯があったことを伝える古文書が残されている。元禄7（1694）年創業の積善館に伝わるむし風呂もその流れを汲むものだろう。昭和5年に建て替えられた国の登録文化財「元禄の湯」のむし風呂である。

四万温泉のむし湯の入浴法について、江戸中期の明和年間（1764〜72年）に平沢旭山は『漫遊文草』の中で次のように書いている。

宿に着いた日はすぐにむし湯に入らないこと。最初の1日、2日は湯槽にのみ浴して、日に2、3度、頭から湯をかぶること数十杯、次第にふやして100杯くらいにする。

3日目に初めてむし湯に入る。まず首筋に湯を注いで、心を平静にした後、きちんと座して、貴い人に対するようにする。眠ってはならない、暫く座する。

もし眼をつむれば眼によくない。臥せば、腹中のしこりやへきが動揺する。室を出たら2口ほど湯を飲んだほうがいい。それから浴槽に入り、頭に湯をかぶる。

浴後はすみやかに浴衣を着て、仮寝をしないようにする。

伊香保温泉のむし湯。『伊香保志』（明治15年）より。著者所蔵

むし湯の歴史が長く現在でもよく知られている温泉は、熊本県の杖立《つえたて》温泉（「米屋別荘」）、長野県の中房《なかぶさ》温泉、鹿児島県の栗野《くりの》岳《だけ》温泉などである。いずれも湯温、湯量共に恵まれている温泉で、独立したむし小屋がある。

ちなみにこれらのむし湯の方法は、主に噴気孔から出る天然蒸気を室内に導入するものと、高温の温泉を流してその上にスノコ板を置くものがある。

●箱むし

首だけを外に出して箱の中で体がむされる、いわば半むし風呂。

秋田県後生掛《ごしょがけ》温泉の箱むしが有名だ。むし風呂と比べて長時間入浴できる利点がある。むし湯の入浴時間は、ふつう10～20分。箱むしだと30分前後は大丈夫だろう。

●痔むし

痔風呂と呼ばれるもので、その代表は青森県の酸ヶ湯名物「まんじゅうふかし」。95度の温泉が流れる2本の樋にかぶせられた木箱のフタが腰掛け台になっていて、座ったり腹ばいになったりしていると、体の深部までじんわりと温まってくる。痔や胃腸病、婦人病などに効き、子宝の湯とも呼ばれている。明治後期から行われているという。

◇秋田美人のおいらんも湯治した！　各温泉地で名物になっているむし湯

山形県瀬見《せみ》温泉街の瀬見公民館にある「ふかし湯」も、痔病の名湯として知られている。総檜造りの室内の床に穴が開けられており、そこから蒸気が噴き出てくるという簡単なもの。床下が泉源なのだという。この穴の上にタオルを敷き、浴衣を着たまま患部を当てる。座ってよし、横になってもよし。

昔、天然痔風呂といわれていたのが、群馬県の尻焼《しりやき》温泉と和歌山県の川湯《かわゆ》温泉。いずれも川原から温泉が出てくるから、砂を浅めに掘って、ムシロなどを敷いて座っていればよかったが、川遊びをしながら入浴している現代の若い人たちはそんな歴史を知る由もない。

●地むし

地熱そのものにむされる入浴法。秋田県玉川温泉の岩盤浴はかつては「地むし」と呼ばれていた。八幡平の後生掛、銭川《ぜにがわ》、藤七《とうしち》などでも行われていたが、現在では玉川の岩盤浴、後生掛温泉のオンドル宿舎がその名残か。

岩手県須川《すかわ》温泉の「おいらん風呂」も地むしの一種といえるだろう。しもの病に効くとのことで戦前には秋田美人のおいらんがよく湯治したという。

伝統的温泉浴法「滝湯」

◇江戸っ子が憧れる箱根七湯でのバカンス、人気の秘密は各所の滝湯にあった

むし湯のほかにもうひとつ忘れてはならない伝統的な温泉浴法に滝湯がある。現代でいう打たせ湯のことだ。

水の落差を利用した打たせ湯は灌注《かんちゅう》療法であり、かつ精神療法の意味合いも込められていた。つまりこの浴法は、神道の斎戒沐浴《さいかいもくよく》、仏教の灌頂《かんちょう》のような宗教的な意義が含まれていたと考えられるからである。

江戸期の温泉場の絵画を見ると、打たせ湯が豪快に浴槽に落下していて肩にその湯を当てている図が描かれているものが多い。現在の湯口が打たせになっているのである。「熱海温泉瀧の湯」「伊香保温泉瀧の湯」などはその代表的な例だろう。

伊香保瀧の湯。『伊香保志』（明治15年）より。著者所蔵

熱海の絵図を見ると浴槽の隅に樽が置かれていて、1メートルくらいの高さから落下するようになっている。

当時、江戸っ子に人気の温泉は、熱海と箱根であった。なかでも湯本、塔ノ沢、堂ヶ嶋、宮之下、底倉《そこくら》、木賀、芦之湯の箱根七湯巡りは憧れの的だった。箱根七湯の場合、三七日《みなぬか》、つまり21日（3週間）の湯治が定番。これに江戸から箱根までの往復の道中が4、5日。ということは、江戸っ子は4週間もの休暇を取って湯治という名のバカンスを楽しんでいたことになる。

江戸の温泉（湯治）客を迎えるための箱根七湯の売りは、滝湯であった。七湯巡りブームに大いに貢献した文聰、弄花による七湯の詳細な案内記『七湯の枝折《しおり》』を見ると、やはり滝湯は箱根の各所にあったことがわかる。むし湯と滝湯はわが国の伝統的な入浴法であるが、箱根七湯が滝湯をしつらえたことの影響が大きかったに違いない。

『七湯の枝折』巻五は、宮之下温泉の解説で滝湯が出てくる。「滝湯とは、樋《とひ》より筧《かけひ》にうつし浴室に仕かけ、滝のごとく落としかけて、病をうたすなり。この滝にうたするに、法あり」。

滝湯の心得が詳しく述べられている。これほど具体的に滝湯の入浴法が解説された江戸期の書物は珍しいので、紹介しておきたい。

◇図入りで具体的に滝湯の入浴法を解説した七湯巡りブームの火付け役『七湯の枝折』

初めて温泉に来る人、その日より滝にうたすべからず。一両日も槽にひたりて後、滝にかかるべし。初めよりうたすれば、病かならず動じて血をさまらず。さて一両日を過ぎて滝へかからんと思ふ時、とくと湯ぶねに入りてあたたまり通りたるところ、己《おの》が病の痛所かまたはいづこなりともうたすべし。かかり仕舞はば、また湯舟へ入るべし。かならずしも一回に滝にかかることなかれ。またかかりきりにて出づるべからず。滝は気をさわがす

江戸期の草津温泉、打たせ湯（滝の湯の図）。著者所蔵

ものなれば、とくとこころを臍下《せいか》にしづめてかかるべし。水さわがしければ気も動く道理なり。いかにも気を落ちつけて療養すべし。

一、頭痛には手拭を巻きて滝に向かひ、うたすべし。

一、癪気には、胸先を滝にむかひてうたすべし。水力よきほどにして、みぞ落ちを押す事たゆみなくうたすれば、塊を下る事、神のごとし。気をふさぎ食にもたるるなど下す事すみやかなり。

一、肩の痛み是に同じ。うしろ向きて、痛所うたすべし。またかたのはりたるは、二ツ三ツたたきて後うたすべし。湯気のしんに透ること、たとへば針をさすがごとし。
一、腰いたみも是に同じ。うしろ向きて、少しこごみてうたすべし。滝は大かた正面にうたすべからず。筋違ふてうたすべし。

2、3メートルの高所から湯を身体に当てる打たせ湯は、温熱作用と湯圧による物理的効果によって、打たせた局所の血行が良くなり、筋肉の凝りが和らぐ。
湯がはじけ飛ぶ時にマイナスイオンが発生し、鎮静作用が働き心身をリラックスさせる。

つまり自律神経の調整にも役立つ。先人たちは優れて科学的であった。

白骨の湯はなぜ、乳白色になるのか

◇白骨温泉での入浴剤混入騒動は温泉の根源を問いなおす契機に

平成16（2004）年の白骨温泉（長野県）の入浴剤混入事件は、日本人に「温泉とはいったい、何だったのか？」と問いなおすものでもあった。

私が敬愛する温泉学の先達に大正天皇の侍医でもあった西川義方がいる。西川は『厚生温泉学』（1944年）の中で温泉の本質に触れている。

「温泉は、なるべくは、（い）湧出してゐるその現地で用ひ、（ろ）且《か》つ湧出したままのを、なるべく早く用ゐること、これが大切である。何故であるか。

凡《およ》そ鉱泉は、物理化学的からみても、未知成分の未知性質の作用からみても、生物学的にみても、それは、凡そ非常に不安定なものである。而もその不安定なるものに、最も強い活性があり、力があり、かくして、治療効率が最も高い。従つて、その『発生期の極めて強力な作用』、即ち謂《いは》ゆる『処女性』の作用を利用するのが大切である。

そのために、浴用であらうと、飲用であらうと、湧出現地で、湧出直後に、それを用ひるのが原則である。反対に、湧出してから時間が経つたり、或は遠方へ不完全な方法で運んだのでは、数時間後には、この処女性が減消され、その活性が減失され、従つて、温泉の効率は顕著に減失される。それを、温泉の『老成現象』と称へてゐる」

西川義方が老成現象と述べているものは、私がこれまで「温泉の老化現象（エイジング）」と呼んできたものだ。

温泉の大部分は雨水である。地下数千メートルの多孔質岩層にたまり、高圧下でマグマに熱される。この熱水状態の地下水は新たに浸透してきた降水に比べれば比重が軽いため、今度は地表に向かって上昇する。上昇するにつれて温度が下がる。一方で、圧力も軽減するため、水温が沸点に達していれば沸騰する。これが温泉で、地表にはお湯または水蒸気で噴き出す。

◇湯の色の温泉力に目を奪われ見落とされてきた乳白色の正体

このように一般に数十年かけて地中深く循環する水には、ミネラル成分や放射性物質などさまざまな物質が含まれる。

さて、こうして地表に湧出した後なぜ泉質が変化してしまうのだろうか？

地下になくて地上にあるのは空気中の酸素である。温泉に含まれている成分が酸素に触れて化学変化を起こすのだ。酸化である。白骨温泉の乳白色の湯も有馬温泉の鉄錆色の湯も、地下では透明であった。これを温泉のエイジング、「老化現象」と呼ぶ。

泉質の変化が著しいものに炭酸泉、ラジウム泉、硫化水素泉などがある。いずれもガスが生命線で、地表に湧出したとたん、大気中に放出されてしまうため、湧き立てを浴びることがポイントとなる。

もうおわかりだろうが、白骨温泉の乳白色は温度、圧力の変化も重なって、成分が劣化（酸化）しているということである。大きな露天風呂のお湯を何日も取り替えなければ取り替えないほど、色は濃くなる。

温泉学の先達・西川義方

◎近代医学の専門書はなんと改訂70版!!　随筆集、歌集まで出版した文人肌の巨匠

私が尊敬して止まない温泉学の先達に、西川義方（1880〜1968年）がいる。

これまでわが国の温泉学に寄与した人物として、江戸中期の温泉医学者、後藤艮山《こんざん》、香川修徳、江戸後期の温泉化学者、宇田川榕菴、明治前期のベルツ博士などの名が挙げられる。これに加えて大正から昭和前期にかけて1人を挙げるなら、ためらうことなく西川義方であろう。

西川は東京医科大学教授で近代医学が専門であった。年配の医師なら1度は目を通したことがあるに違いない名著『内科診療ノ実際』は西川の代表作だ。

初版が大正11（1922）年で、途中、昭和天皇の侍医となる息子一郎の助けを借りな

がら、昭和50（1975）年の改訂70版まで版は続いた。ついには3000ページ近くの大冊となっていた。日進月歩の医学界にあって、半世紀も読まれる内科学の専門書が存在したことに驚かされる。

◇日本を代表する温泉学書を志した西川。多才な博識が発揮された著作をひもとくと

西川義方の温泉に関する著書はいずれも力作だが、なかでも『温泉言志』を評価したい。西川は大変な博識であった。医学の専門書や温泉療法や健康の啓蒙書にとどまらず、古典に対する造詣の深さが『温泉言志』で遺憾なく発揮されている。その最たる例が、この本の前半を占める「湯の字」の項だろう。

たとえば、温泉宿を表す言葉。湯持、湯戸、湯主、湯宿、湯株、持湯、湯亭……などを挙げ、解説が加わる。

一例を挙げれば、有馬温泉（兵庫県）では、温泉宿のことを「坊」と称する。僧侶が開湯したためである。共同湯「一の湯」10坊、共同湯「二の湯」10坊の合わせて20坊が豊臣秀吉の時代にあったことが知られている。この他に有馬には「小宿《こじゅく》」と称する宿があった。これは坊とは違って湯女《ゆな》を置くことの許されない湯戸のことであった。

西川義方の主な著書

◇湯の力の恩恵を授かるにはどうすべきか？

西川は温泉を「生き物」と表している。地表に湧出した途端、劣化、老化（エイジング）し始め、それを「老成現象」と称した。医学者の立場から、西川義方は効く温泉の本質に迫ったのである。おそらくは西川が考える体に効く温泉とは、心にも効くものであった。良い温泉とは心身に効くのである。『温泉と健康』（1932年）に、次のように記しているからだ。

「『温泉は君の如く神の如く敬ひつつしむべきものだ』と教へた河合章尭の立論は、原双桂などが引用礼讃してゐるやうに堂々たる見識で、著者の知る限り温泉論に於て外国では斯の如き考察はない。温泉学の上からも国民精神の上からも実に敬服に堪へない事である。此《この》精神さへあれば、温泉の利用発達は正道を踏んで進むに相違はないのである」

温泉の処女性をより高めるには、湯量が豊富である方が好ましい。劣化、老化、つまり温泉の酸化を防ぐことができるからだ。加えて、江戸期に城崎で湯治した備前の藩士、河合章尭や温泉医学者原双桂のように、心から温泉を愛することが心身に効く。

◇温泉成分に医学的な効能があるのではない。新鮮な温泉の活性力が心身の再生に効くのだ

私はかねがね、江戸中期の医師、後藤艮山に始まる伝統的な温泉医学が、戦後、西洋医学に圧倒されたのは、温泉の成分に固執し過ぎたせいではないかと考えていた。もちろん温泉に成分が含まれているから効くのだが、それを適応症に無理に当てはめていなかったか、ということである。

西川義方の『温泉須知』（１９３７年）は、私の疑問が的外れなものでなかったことを確認させてくれた。

「生体は一つの有機体であつて、之《これ》を個々別々の器官に分解し得ないと同様に、温泉も亦《また》一つの個体または有機体で、その効果を個々別々の成分に帰し得ない。従つて有機体として全身に反応する生体に、個体として考察されてゐる温泉が作用するのであつて、決して限定した器官のみに作用するのではないのである」（傍点＝筆者）

さらに私が考えてきたことは、含有成分より、むしろ溶媒、つまり成分を溶かし込んでいる温泉水そのものの活性である。水が酸化していては酸化した身体の細胞を還元することはできない。これが私が主張してきた〝源泉かけ流し〟の本質でもあった。

◇西川の予防医学としての温泉浴が最新の医学によって改めて評価され始めた

戦前にわが国の温泉医学はその本質に到達していた。西川が言う「全身の諸機能を調和」する中枢とは、自律神経を指すのであろう。交感神経と副交感神経のバランスによって成り立つ自律神経は、免疫学の権威、新潟大学名誉教授・安保徹の理論によると、免疫力の中枢である白血球をコントロールしている。免疫力はこの白血球の適正な数、機能によって高められるのである。金沢医科大学の山口宣夫名誉教授（血清学）は、1泊2日の温泉浴であっても、白血球が適正値に調節できると報告している。

このように最新の医学によって、戦前に西川義方によって語られていたことが再び着目され始めている。注目したいのは、予防の医学としての温泉浴に触れられていたことだ。これほど西洋医学が発達した今日、私は温泉療法の意義は「予防医学」にあると考えている。

「西洋医学は病気を治す。温泉は心と体を正す」――。私のかねてからの持論でもあるこの言葉の意味が今日、もっと広く理解されることを願いたい。年間の医療費がすでに40兆円を突破している現在、温泉の役割は決して小さくない。

◆温泉のもたらす文化

「温泉」という言葉の歴史

◇昔は「おんせん」と読まなかった⁉　奈良時代の書物を見てみると……

私たちは現在、日常的に「温泉」という文字を使い、それを当たり前のように「おんせん」と読んでいるが、いつ頃からそうなったのか興味のあるところだ。

最近でこそ「温泉」を表す言葉は温泉と「湯《ゆ》」であるが、昭和の中頃までは「出湯《いでゆ》」「いで湯」などの表記もかなり見られた。「鉱泉《こうせん》」という言葉も日常的に使われていたし、そうした表記もよく目にしたと記憶している。

鉱泉については別の機会に譲るとして、「温泉」が「おんせん」と読まれるようになったのはいつ頃からなのか。

私が勤務していた札幌国際大学の畏友である国語学の乳井克憲教授に「国語学的に温泉

の起源について調べてみないか」と提案したところ、２本の論文を書いてくれた。「『をんせん』考」（２０００年）と「日本古典書籍に現れた漢字表記『温泉』の読みに関する研究」（２００７年）である。

私のリクエストに応えられたのは、彼が古代、中世、近世の重要な作品、実に１６２点を20年も前に自らパソコンに入力してデータベース化していたからであった。奈良時代の『古事記』（７１２年）から江戸時代後期の『浮世風呂』（１８０９〜13年）に至るまで、正確にパソコンに入力し続けたのである。

その結果、私たちは今日まで当たり前に使ってきた「温泉」という言葉の歴史をたどることが可能になった。その乳井教授の論文をわかりやすく整理して紹介しておきたい。

現在のように「温泉」を「おんせん」と読むようになったのは、16世紀から江戸前期の17世紀にかけてと比較的歴史は浅い。それまで温泉は一般に「ゆ」と読まれていた。

奈良時代の書物として有名な『古事記』『万葉集』『風土記』などには、「温泉」は漢文記述の中にのみ見られ、万葉仮名の表記にはない。漢文記述は当時の中国音で発音していたと考えられ、その訳としての「訓」から、日本語として「由《ユ》」が日常的に使われていたのである。

◇竹取物語も伊勢物語も源氏物語も今でも通じるあの表現だった

たとえば『万葉集』(759年)では、漢文で書かれた題詞に「温泉」の文字を7例見ることができる。だが、万葉仮名で書かれた歌の部分に「温泉」の文字はない。ここでは温泉に相当する言葉はすべて「湯(ゆ)」と訓じられている。

玉造温泉(島根県)に関する記述が出てくる『出雲国風土記』をはじめ、『肥前国風土記』『豊前国風土記』などの風土記や風土記逸文では、万葉仮名で「薬湯」「湯井」「湯泉」などの用例は見られるが、「温泉」は出てこない。『古事記』を含めて奈良時代には、中国語の「温泉」「湯泉」を訓じた「湯(ゆ)」が一般的に使われていたようである。

平安時代の前期に完成したといわれる、わが国初の百科事典的な分類別漢和辞書『倭《わ》名類聚抄《みょうるいじゅしょう》』の巻一に、「温泉」の項がある。

その注には「由(ゆ)」と記されている。

また同じ平安前期の『古今和歌集《こきんわかしゅう》』から、鎌倉初期の『新古今和歌集』に至る約300年間に、『後撰和歌集』『拾遺《しゅうい》和歌集』『後拾遺和歌集』『金葉《きんよう》和歌集』『詞花《しか》和歌集』『千載《せんざい》和歌集』の、八つの勅撰《ちょくせん》和歌集が編纂《へんさん》されているが、この八代集中の題詞にも和歌にも、「温泉」の文字はまったく見られない。温泉はすべて「湯」で表現されている。私たちが今日、「温泉」の代わりにたびたび「湯」を使うのは、日本人としてのまっとうな文化的DNAであるといっていいだろう。

和歌集だけでなく、『竹取物語』『伊勢物語』『土佐日記』『枕草子』『源氏物語』『更級日記』『方丈記』『徒然草』等々、14世紀半ばまでの代表的な文学作品も、やはり仮名の「ゆ」、あるいは「湯」で「温泉」を表している。

◇初めて「をんせん」と読んだのは14世紀後半。日常的に使うようになったのは16世紀から

「温泉」を現在のように「お（を）んせん」と読むようになったのは、戦国時代から江戸前期にかけてと比較的新しい。

平安末期のいろは引き国語辞典『色葉字類抄《いろはじるいしょう》』巻上に「温泉」の用例が出ていて、「イデユ」とカタカナがふられている。またその直下に「出湯」の項があり、「同」の注が付けられている。

乳井教授は「1200年までの日本語の古い辞書にも、「をんせん」の読みは発見できない」と述べている。

応安6（1373）年頃の成立といわれる全40巻から成る軍記物『太平記《たいへいき》』は、物語僧によって語られ、「太平記読み」を生んだことで知られる。

この『太平記』巻26に、「華清宮の温泉に准《なぞら》へて、浴室の宴を勧め申《まうし》て……」、巻13に「温泉に瑠璃《るり》の沙《すな》を敷き……」と、「温泉」の表記が見える。この頃には「をんせん」と発音する場合もあったことがわかる。つまり、「いでゆ」「ゆ」と「をんせん」を併用しながら、江戸時代へと向かったと考えられる。

乳井教授は「をんせん」という言葉を日常的に使うようになったのは、16世紀頃からと推察する。明応9（1500）年に有馬温泉で湯治した禅僧、寿春妙永《じゆしゆんみようえい》と景徐周麟《けいじよしゆうりん》が交互に句を連ねた『湯山聯句《ゆのやまれんく》』について、一韓智翃《いつかんちこう》が口語注を施した抄物『湯山聯句鈔』に「温泉」の説明が出てくる。

「温泉ト云モ驪山《りざん》ニハ、出湯《いでゆ》ガ有テ、温力デ、沸ホドニ、ソレヲ温泉ト云ゾ。ソコニ玄宗ノ行幸《ぎやうがう》シテ、与二貴妃一入ラレシ処ニ宮ヲ立ツレバ、温泉宮ト云ゾ」。ここでの「温泉」も「をんせん」と読んでいたと思われる。

慶長8（1603）年と翌9年に、『日葡辞書《につぽじしよ》』本篇と補遺がイエズス会によって刊行されている。そこに「Vonxen」の意味として「Atatacanaizumi（温かな泉）」と記されている。Vonxen は「をんせん」と発音する。「を」はワ行の音で［uo］に近い音である。この辞書は当時、「温泉」という言葉が現代に近い発音で一般に使われていたことを教えてくれている。

元禄2（1689）年の春から秋にかけて、松尾芭蕉は旅をし『おくの細道』を著するが、そこには明らかに「をんせん」と読むべき4か所の温泉が出てくる。

ただし、地の文では「温泉」を用いて、俳句では「湯」である。

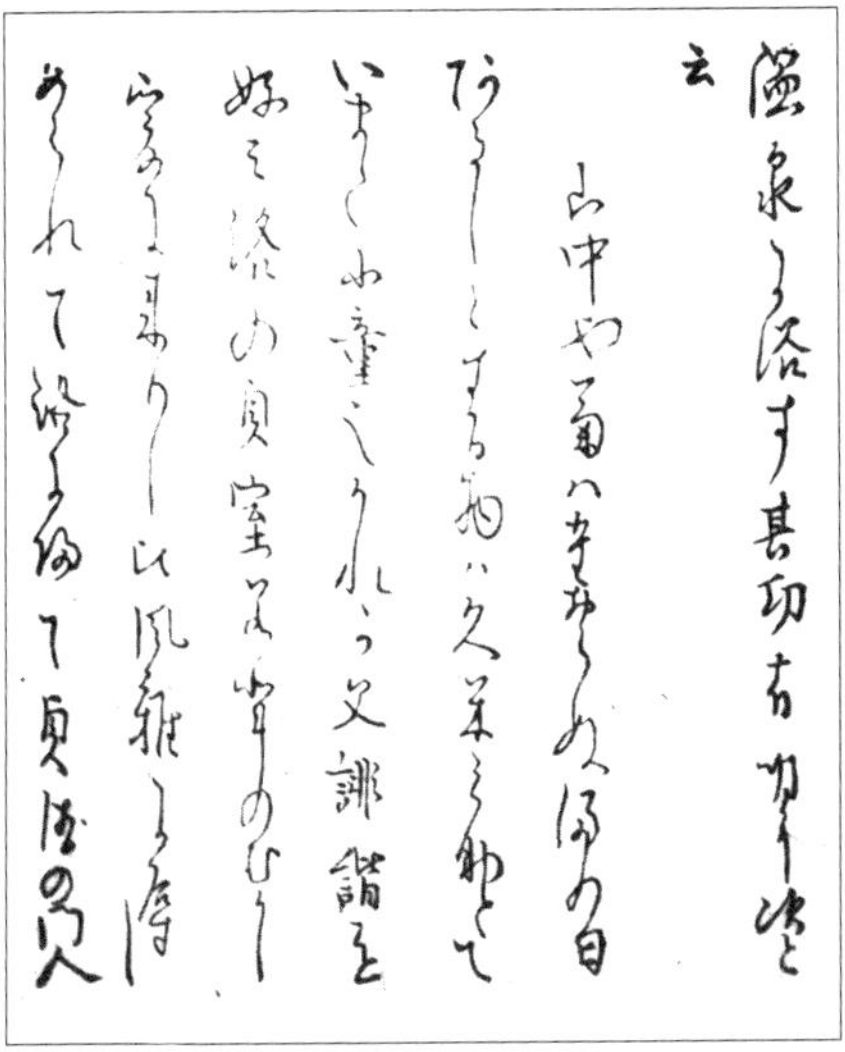

松尾芭蕉『おくの細道』（1693年頃）に記されている山中温泉に関する記述の部分。著者所蔵

◎ワ行の「をんせん」からア行の「おんせん」に変わったのは？

江戸後期の『江戸《えど》名所図《めいしょず》会《え》』（天保5〜7（1834〜36）年）には、42か所の温泉、また八隅蘆菴の有名な『旅行用心集』（文化7（1810）年）には292か所の温泉が出てくる。この頃にはもう、「温泉」を「ゆ」ではなく「をんせん」と読む習わしが定着していたと思われる。

アメリカ人ヘボンが編集した『和英語林集成』（慶応3〔1867〕年）も見落とせない文献だ。

安政6（1859）年に宣教師として来日したヘボンは、日本での言語生活の中で採取した日本語約8万語を見出しにした和英辞書を刊行した。日本語の発音を的確に表したローマ字はヘボン式としてよく知られている。「温泉」の項は次のとおりである。

「ON-SEN ヲンセン、温泉、n.A hotspring/Syn. IDE-YU」

ヘボンは温泉の同義語（Syn.）として「出湯」を挙げている。

このヘボンの辞書から、江戸後期には「温泉」が広く日本人の日常語になっていたことが推測できる。また、幕末から明治には、「をんせん」と今日の「おんせん」の発音の区別はなくなり、「温泉（おんせん）」が日常語化していったものと思われる。

文献に見る「温泉マーク」の変遷

◇日本人の誰もが知っている♨のマーク、起源は340年も昔に遡る

地図にはいろいろな記号が使われている。寺、郵便局、神社、学校、警察、病院、銀行、温泉……。この中で温泉マークを描けない日本人はまずいないといっていいだろう。それは温泉と日本人の関係がいかに密接なものであるかを教えてくれるものでもある。

日本的で、温かみがあって、いかにもホッとする、癒しのこの時代にもうってつけの温泉マークは、いったいいつ頃から使われていたのであろうか。

とはいっても諸説があってはっきりしないのだが、一番古いといわれるのは群馬県安中市の南西部、磯部《いそべ》温泉で使用されていたというもの。JR磯部駅北口から徒歩5分の温泉会館横の公園に、「日本最古の温泉記号」の記念碑がある。石碑に見事な湯煙が立ち上る

温泉マークが彫られているのだ。

　磯部は鎌倉時代にはすでにその名が知られていた古湯である。明治の初期、同じ群馬県内の草津を世界に紹介したドイツ人医師、ベルツ博士が磯部を胃腸病の名湯と称えて以来、一躍知名度が上がった。

「磯部鉱泉は、西上磯部字塩の窪に湧出して、泉源二ヶ所ある。甲泉はその発見年月詳《つまびら》かならざるも、『東鑑《あずまかがみ》』に磯部村『此所塩の湧き出づる所あり』とあれば往古より存在したること疑ひなきことである。乙泉は弘化四年信州地震の際俄然《がぜん》噴出すると伝へ、或は天明三年浅間山噴出の時始めて湧出し、……」（『磯部鉱泉誌』、1917年）

　温泉マークの由来はこうだ。江戸前期の万治4（1661）年、土地の境界線を巡って農民が江戸に出て争った際、幕府から判決文「上野国碓氷郡上磯部村と中野谷村就野論裁断之覚」が出された。

　実はこの判決文、ただの公文書ではなかった。紙の裏に「裁許絵図」が描かれていたのだ。裁許絵図とは、判決文に絵図を付けて判決を補足し理解を容易にしたもののこと。『磯部温泉誌』（1982年）によると、上磯部村と中野谷村の絵図が描かれ薄く彩色まで施されていた。問題の温泉マークは、西上磯部塩の窪に2か所記入されている。

『温泉誌』に載っている写真を見ると、３本の湯煙がわれわれが使用しているものより長く、まさにさかさくらげである（）。

この判決文は東横野村（現・安中市）の佐藤太郎村長によって偶然に発見されたものとのこと。３００年以上も前に温泉マークがあり、しかも公文書にそれが使用されていたとは驚きである。

◇時代と共に変化してきた温泉記号、受難を経て天然温泉表示マークへ

次はずいぶん時代が下って明治12（１８７９）年、陸軍部測量課が製作した地図。２年後の14年には、内務省地理局測量課が制定した測量図にも登場する（）。その後、デザインはたびたび変更になりながら、明治33年に現在の「♨」マークが使われる。明治30年前後がわが国における地図の黄金時代ということもあり、このマークが広く国民に普及することになったようだ。

明治14年の「」や明治18年の「」などのデザインを考えると、３５０年以上も昔の万治年間に使用されていたデザインが、日本人の温泉に対する思いを的確に表現していたことに改めて驚かされる。平成の日本人も江戸時代のわれわれの大先輩も、温泉に対す

日本最古の温泉記号の碑（群馬県安中市）

る理解は同じだったのである。

今日の温泉マークを大々的に広めた人物として知られているのが、別府温泉開発の功労者、油屋熊八だ。油屋は昭和6年、自分が経営する旅館の創業20周年記念に別府を温泉マーク付きで全国に売り込んだのであった。

一方、温泉マークの国民的認知度が高かったせいで、戦後、とんだ受難の時代を迎える。派手な温泉マーク付きのネオンサインを掲げた連れ込み宿が爆発的に広まったからである。赤地に4本の湯煙をあしらった「天然温泉表示マーク」は、こうした風俗営業施設に対抗して、日本温泉協会が昭和51年に制定したものであった。

入浴の七つ道具を生んだ温泉文化

◎浴衣、湯褌、湯巻など、かつて湯浴みには湯具が使われた

湯具《ゆぐ》という言葉をご存じだろうか？　いわゆる「入浴七つ道具」のことで、時代と共に不必要になったものも多い。その代表的なものに浴衣《ゆかた》、湯褌《ゆふんどし》、湯巻《ゆまき》、風呂敷《ふろしき》などがある。

湯上がりの上気した顔をうちわであおぎながら水辺で涼む浴衣姿のうら若き女性――。「いいねえー」という声がどこからか掛かりそうだ。これも温泉文化が育んできた日本の美のひとつといっていいものだろう。

夕涼みに浴衣がけの構図は江戸時代の錦絵によく描かれている。実はこの頃から浴衣が外出に着用されるようになったのである。それまでは入浴の際に欠かすことのできない湯具のひとつだった。

『女礼備忘随筆《じょれいびぼう》』にこんな記述がある。「女中方は男中方のように、素肌にて湯に入るものにあらず、まず肌に湯具を召し、その上に明衣《あかは》（浴衣）を召して、そのまま風呂に入らせられて後、女中方、右の浴衣をとり、湯具ばかりにて流せらるる也。またあがり給うときにも、風呂の中にて明衣を召して腰掛により給う」。

仏教の伝来が日本人の風呂好き、温泉好きを決定的なものにしたことはすでに触れた。沐浴《もくよく》の功徳を説いた仏典『仏説温室洗浴衆僧経』（温室経）で、裸体での入浴は他人と肌を接することから衛生風紀上戒めていた。そのため寺院の浴堂では入浴者は明衣を着用するのが習わしとなった。

明衣は白布の衣のことである。明衣は「湯帷子《ゆかたびら》」といい、絹、麻、木綿《もめん》などで作られていた。これが後に略されて「浴衣」と呼ばれるようになる。

銭湯の前身である湯屋、風呂屋ができてからも、入浴者は寺院と同じように浴衣を着用した。

山東京伝の『骨董集』にこんなくだりがある。「昔は民家の賤しき者も、風呂に入るに、必ずふどしを放つことなし。西鶴の『一代男』、『二代男』らのうちにある銭湯風呂の図を見るに、皆、ふどしを結びて風呂に入れり。『御前独狂言印本五之巻』に、或人、酒に酔

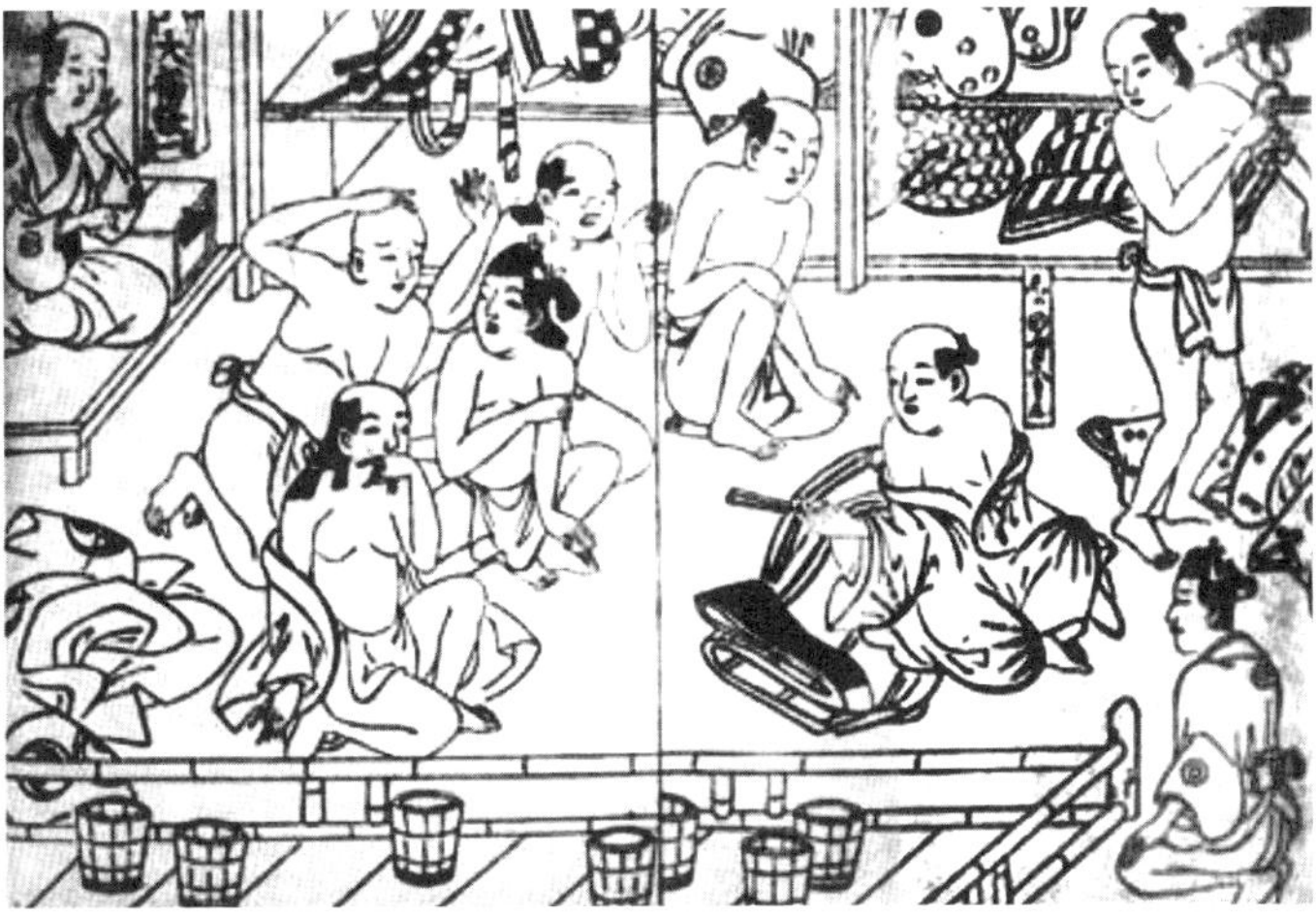

湯褌。古山師重画「鹿の巻筆、銭湯」（貞享３年）。竹内勝『日本遊女考』より

いて、風呂犢鼻《たふさぎ》を解きて風呂に入れるを、あぐまじきこととて皆笑いたることを記せり。これ宝永（筆者注、1704〜11年）の頃まで風呂にはふどしというものありて、常用のふどしに結び更えて風呂入したる証拠なり」。

平安時代の末から鎌倉時代にかけて寺院でも町湯（銭湯）でもなにかと不便な浴衣を省略して、代わりに前を隠すために男性は「湯褌」、女性は「湯巻」を使うようになっていたのである。

ふどしは古くは犢鼻褌（「たぶさき」または「とうさき」）と呼ばれていた。幅広の六尺《ろくしやく》褌《ふんどし》で、前のほうにきれの一端が両脚のあいだで膝の辺りまで垂れ下がっていた。

◇浴衣は入浴のため道具からファッションへと変わっていった

手拭1本素っ裸で風呂に入るようになったのは江戸中期からで、文化・文政の頃には現在のような入浴スタイルが確立されたようだ。それはちょうど江戸中期頃まで風呂は「むし風呂」のことであったことを考えれば納得できそうだ。現在のミストサウナをイメージしていただければいい。サウナで男女が素っ裸というのはいかにも落ち着かない。江戸中期頃から風呂も現在のようにお湯が張られるようになる。ちなみにそれまで湯の張られた風呂を「湯」と区別した。

女性の湯巻は幅広い白布でできた腰巻であった。湯褌や湯巻は入浴専用のもので、脱衣場で律義にきれいなものに取り替えていたという。

一方、浴衣はその後、入浴の前後に着用するようになる。今日のバスローブ兼バスタオルの役割を果たすのである。湯上がりに浴衣を着て、からだのしめりを吸い取るのに重宝した。なんとも優雅ではないか。

それまで、白布であった浴衣に簡単な柄が染められ、色ものも出回るようになると、夏の夕涼みにそのまま外に出るのが粋なファッションとなるのである。江戸中期頃のことであった。

江戸期の旅行書『旅行用心集』とは?

◇旅文化の成熟度がうかがい知れる、経験を基に書かれた旅のハウツー本

「旅は若い者にとってよい修業になるというし、ことわざにも『可愛い子には旅をさせろ』というそうだ。ほんとうに、貧富にかかわらず旅をしない人は、このような苦しみを知らないものだから、ただ旅というものは楽しくて、遊山のためにだけするもののように思っている。そのため、人情にうとく、他人に対してわがままで、きっとかげでは人から後ろ指をさされ、笑われていることも多いだろう」(八隅蘆菴著、桜井正信監訳『旅行用心集』)

江戸時代の旅人のバイブルともいわれた蘆菴の『旅行用心集』が刊行されたのは、文化7(1810)年。女性の旅も珍しくはなくなり、大衆旅行の時代を迎えていた頃である。実際、十返舎一九《じゅっぺんしゃいっく》の『東海道中膝栗毛』が世に出て江戸っ子の話題をさらったのは、その

8年前の享和2（1802）年のことだから、庶民の旅行熱は大いに高まっていた。
旅行ブームになると、宿の客の奪い合いが激しくなる。その決め手のひとつに飯盛女《めしもりおんな》の存在があった。本来、食事の給仕をする女中が、夜の伽《とぎ》までするようになったのである。また、旅人が安心して泊まれる宿のニーズも高まった。文化元（1804）年、大坂の松屋甚四郎が江戸の鍋屋甚八とともに講元となって、浪花《なにわ》講《こう》という旅館組合が創設される。現在の協定旅館の元祖である。

こうした時代を反映して出版されたのが八隅蘆菴の『旅行用心集』であった。「若いときから旅行好きで、あちこちに旅に出た」経験を基に書かれたというこの旅のハウツー本の完成度は高く、江戸期の旅文化の成熟度をうかがい知ることができる。「道中用心六十一ヶ条」や「寒国旅行心得之事」から、「道中の宿屋で蚤を避ける方法」「旅行の所持品」「道中での日記の書き方」「空模様の見方と、古い歌やことわざ」など事細かに記されている。

◇292もの温泉を収めた「諸国の温泉」と現代人にも使える温泉利用のアドバイス

『用心集』の圧巻は、後半の「諸国の温泉」の項だ。292か所もの温泉が出てくるのである。『有馬山温泉記』『但州湯嶋道中独案内』『草津温泉入湯案内記』など、個別の温泉地の案内書をいくつも読んでいるが、『用心集』ほど多数の温泉が出てくる江戸期の本はない。

292の温泉の中で、絵図や詳しい説明がある温泉は江戸時代の名湯と見なしてもいいだろう。有馬、熱海、箱根、天寧寺（東山）、飯坂、修善寺、草津、伊香保、那須、吉奈など。『用心集』には、温泉の選び方や湯治の仕方が書かれている。

現代人にも使えそうなものがあるので抜き出しておこう。

一、湯治に行って、その温泉が自分の病気に効くか

『旅行用心集』（文化７年）中の東山温泉の挿絵。著者所蔵

効かないかを確かめるには、最初1、2回入っても、腹が張って食欲が増さなければ、大体は病気に合わないものと思うこと。とにかく行った先の湯宿に病気のことを詳しく話してから、湯に入りなさい。

まあ、2、3日も入ってみれば、自然にようすがわかってくるものだ。

一、湯治の仕方は、はじめ1日2日の間は、1日に3、4回にしておくこと。体に合うようならば、5回から7回までは入ってもよい。老人とか、体の弱い人は、そのあたりのことを加減すればよい。

一、湯治している間、病人はもちろんのこと、元気な人でも慎まなければいけないのは、食べ過ぎ、大酒飲み、性行為、冷たい食べ物などである。また湯上がりには体全体の毛穴が開いているので、冷えやすい。だから深山の涼風に身をさらすとか、清水で足を冷やすとか、あるいは風の吹き渡るところでうたた寝をするなど、決してしてはいけない。なんでもないとき体を冷やすよりも、湯上がりで特にひどく冷えるものだ。

野沢温泉の名物、野沢菜

◇野沢温泉を発展させた野沢菜のルーツ。その始まりは江戸中期の大坂にあった

信濃路に帰り来りてうれしけれ　黄に透《とほ》りたる漬菜《つけな》の色は

野沢菜というと思い出す有名な歌である。

作者はアララギ派の巨星、島木赤彦《しまきあかひこ》（1876～1926年）。赤彦は長野県諏訪の生まれだから、野沢菜を詠むのに最もふさわしい歌人だった。ちなみに野沢菜漬のことを、地元の北信州では蕪菜《かぶな》とか漬け菜と呼んでいる。

野沢菜の本場はもちろん野沢温泉村。

村にある42本の源泉のひとつ、麻釜《おがま》などで野沢菜を洗う風景は全国的に知られている。麻釜は90度の高温で、昔から村人たちがこの熱湯を使って野沢菜を洗い、また山菜や卵を茹《ゆ》でる、台所代わりだったといっていいだろう。

麻釜には五つの釜があり、竹のし釜ではアケビのツルで縛って茹でる人がいる。野沢の古くからのお土産として知られる鳩車は、アケビのツルで編んだ工芸品だ。

信州を代表する温泉地、野沢の歴史は古く、奈良時代の高僧行基によって発見されたと伝えられる。江戸後期の天保期にはすでに24軒もの宿があり、それが、明治には34軒に増えたというから、湯治場として大変賑わっていたことが容易に想像できる。野沢菜の普及は実は野沢温泉の発展の産物でもあった。

野沢菜発祥の地は野沢温泉街の一角、健命寺《けんめいじ》である。健命寺の口伝によると、江戸中期の宝暦年間（1751〜64年）、8代目住職の晃天園瑞和尚が京都遊学の帰りに、当時大坂を中心に栽培されていた天王寺《てんのうじ》蕪《かぶ》の種子を待ち帰ったのが始まりだという。

さっそく寺の庫裡《くり》裏の畑に種をまいたところ、天王寺蕪とは異なる小さな蕪が育ったが、毎年作り続けているうちに三尺菜とも呼ばれる葉茎が三尺（約90センチ）にも伸びた現在の野沢菜が出来上がった。

原種よりも大きく育った野沢菜は、収量が多いだけでなく、大きな割に葉茎が軟らかで、漬物として利用された。すると、味よし、器量よしで、漬け菜の代表として高い評価が得られた。

この野沢菜の評判は、野沢温泉にやってきた湯治客が土産品として持ち帰って広まった。江戸後期から明治初期にかけての野沢の湯治客は、北信や上越方面からが大半であったため、野沢菜は主として信越地方で栽培された。湯治客は種子を買い求めたのである。

◇温泉で野沢菜を洗えばおいしくなる。「お菜洗い」場は女性の社交場となった

明治時代の野沢の湯治客の月別分布を見ると、6、7、8月（旧暦）の夏場に最盛期を迎え、次いで10、11月の秋場が多かった。あとは小正月の頃の寒湯。そのため野沢菜漬の味が最高になる冬場の湯治客は少なく、客はもっぱら種子を求めたようだ。これに応えて野沢では、江戸時代にはすで

野沢菜は大きく、栽培の農家では茎に傷がつかないように大事に扱う

野沢を代表する源泉「麻釜」。90度の熱湯で野沢菜をゆがく

に野沢菜種の生産に力を入れていたというから、湯治が野沢菜文化を伝播したといっていいだろう。

漬け菜用の種まきは8月下旬。これとは別に、雪の下で越冬する種子用は、9月上旬にまかれる。

野沢菜が一番うまいのは、8月下旬から9月上旬にかけてだと、野沢温泉の人々は口をそろえる。野沢菜は種をまいて3日で発芽。5、6日たつと、「一番間引き」をし、源泉の麻釜《おがま》でゆがかれる。間引き菜もやわらかくておいしい。

野沢菜の収穫は11月上旬から中旬にかけて。温泉で洗う名物「お菜洗い」が行われる。温泉で洗うと風味が出るだけでなく、虫離れがいいといわれる。

晩秋のお菜洗いは本来、辛いものだが、野沢では寒さ知らずの温泉場（温泉街の外湯で）だから、女性たちにとってはにぎやかな社交場となる。

貝原益軒の温泉養生訓

◇ジャンルを問わず博識だった貝原益軒は現代にも通じる感性を持った〝粋〟な男

江戸時代前期の儒学者、貝原益軒《かいばらえきけん》の名を知らない日本人はほとんどいないに違いない。現在に至るまでなおも刊行されているその名著『養生訓《ようじょうくん》』は、84歳の時に書かれたものだ。寿命が40代の時代に、85歳で天寿を全うするほど人生の達人であっただけに、約300年にも及ぶ驚異のロングセラーとして、各時代の人々に受け入れられてきたのだろう。

益軒は卓越した儒学者であり、本草学者であった。その著書は百数十に及ぶといわれる。儒学、神道、本草学、医学、地誌、歴史など内容は多岐にわたり、その博識には目を見張るものがある。

医師や一般の人々にも読まれている家庭医学書『養生訓』のほかにも、中国の伝統的な本草学を土台に益軒独自の理論を展開した『大和本草《やまとほんぞう》』、あるいは黒田藩の命によって編《へん》纂《さん》した『筑前国《ちくぜんのくに》　続風土記《しょくふどき》』などは、現在でも研究者に読み継がれている一級の史料である。

このように書くと書斎派の学者のように誤解されかねない。実際には益軒は歩く儒学者だった。彼は『大和本草』の「巻之三　温泉」の項で、温泉浴の本質を「心を楽しましむべし」と適切に述べている。

相当に温泉経験をこなしていなければ、このような言葉は出てこない。たしかに益軒は名うての紀行家でもあったのだ。しかも江戸時代としては珍しいことに、東《とう》軒《けん》夫人を伴っての旅行を何度か経験している。粋人だったのである。

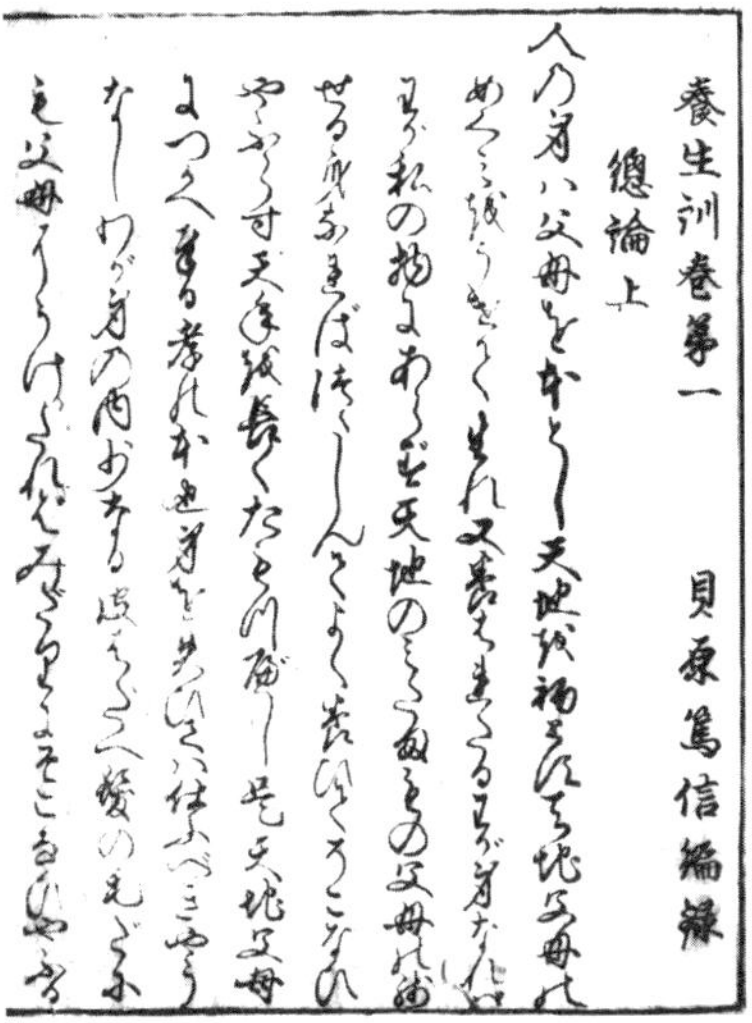
養生訓巻第一　貝原篤信編録
總論上
人の身ハ父母を本とし天地を初とす天地父母の
めぐミをうけて生れ又養ハれたるわが身なれバ
わが私の物にあらず天地のミたまもの父母の残
せる身なれバつゝしんでよく養ひてそこなひ
やぶらず天年を長くたもつべし是天地父母
につかへ奉る孝の本也身を失ひてハ仕ふべきやう
なしわが身の内少なる皮はだへ髪の毛だにも父
母にうけたれバみだりにそこなひやぶるハ不

『養生訓』本文。著者所蔵

益軒はわれわれ現代人と同じような感性をもち合わせていたようで、最初の紀行記は『杖植《つえたて》紀行』（延宝7〔1679〕年）であった。杖植とは現在の熊本県杖立《つえたて》温泉のことで、彼はここに

10日ほど滞在した。

益軒は福岡の黒田藩に仕えていたため、元禄7（1694）年には別府温泉に浴し、『豊国紀行』を著している。正徳元（1711）年には、『有馬湯山記』も板行した。特に有馬は益軒お気に入りの温泉で、元禄11（1698）年に夫人を伴って半月ほど滞在している。

温泉医学者にも踏襲された益軒の入浴法は、現代人が一番知りたいハウツーでもあった。この『有馬湯山記』の原本を、大阪の古書店でようやく入手した。新書判よりやや大きめのハンディな道中案内本だが、この中にわが国で最も早い時期に書かれたと思われる「湯《ゆ》文《ぶみ》」つまり「入浴の法」の条がある。

「凡此《およそこの》湯に入るに彼地の法義あり、湯文といふものにしるせり」と、益軒はその土地土地の入湯法に従うよう説いた上で、こう記している。

「湯に入るには食後よし、うゑて空腹に入るをいむ」

浴度（回数）については、「一時に久しく入るをいむ、又しげく入るをいむ、強き病人は一日一夜に三度、よはき病人は二三度をよしとす、三度は入るべからず」。

現代人が一番知りたいのは、入浴時間、つまりどのくらい湯に浸かっているのがいいのかであろう。「つよき人も湯の内にひたりて身をあたゝめ過すべからず」と述べ、こう警告する。

「久しく湯をあぶれば、身あたゝまりすぎ、表気ひらけ汗出で元気もれて大に毒となる、かろく入べし、汗出る事甚あしし。凡湯入の間尤も身をつゝしむべし」

汗が出るほどの長時間、浴槽に浸かってはならないというのだ。

先の『大和本草』（宝永6（1709）年）の中にも、「湯浴するに汗出るを第一忌《い》む」と記されている。『養生訓』でも体を温め過ぎないよう戒めている。

彼のこの入浴法は同じ江戸期の香川修徳、柘植龍洲《つげりゅうしゅう》、宇津木昆台など、温泉医学者にも踏襲された。

益軒は夫人を亡くした翌年の正徳4（1714）年に健康を害し、85歳で逝った。彼の一番の健康法は案外、愛する夫人と仲よく旅をすることだったのかもしれない。

主な参考文献

『熱海温泉図彙』山東京山　一八三二年
『熱海温泉図会』豊島海城　発行・亀谷竹二　一八八八年
『熱海市史』上巻　熱海市　一九六七年
『熱海町誌』熱海市秘書課　一九六三年
『熱海風土記』山田兼次　伊豆新聞社　一九七八年
『続熱海風土記』山田兼次　伊豆新聞社　一九七九年
『熱海物語』太田君男　国書刊行会　一九八七年
『続熱海物語』太田君男　羽衣出版　二〇〇五年
『熱海歴史年表』熱海市　一九九七年
『洗う風俗史』落合茂　未來社　一九八四年
『洗湯手引草』向晦亭等林　一八五一年
『有馬温泉記』伊藤史生　発行・福永金蔵　一九〇七年
『有馬温泉誌』田中芳男編　発行・松岡儀兵衛　一八九四年
『有馬山温泉小鑑』発行・菊屋五郎兵衛　一六八五年
『有馬温泉史話』小澤清躬　五典書院　一九三八年
『有馬湯山記』貝原益軒　一七一一年
『有馬湯山道記』貝原益軒・河合章尭追記　一七一六年

『医学の歴史』小川鼎三　中公新書　一九六四年
『磯部温泉誌』　桜井作次ほか編　安中市観光協会　一九八二年
『磯部鉱泉誌』　一九一七年
『一本堂薬選続編』香川修徳　一七三八年
『浮世風呂』全四編　式亭三馬　一八〇九～一三年
『からだを温めると増えるHSPが病気を必ず治す』伊藤要子　ビジネス社　二〇〇五年
『HSPと分子シャペロン――生命を守る驚異のタンパク質』水島徹　講談社ブルーバックス　二〇一二年
『江戸時代医学史の研究』服部敏良　吉川弘文館　一九七八年
『江戸の温泉学』松田忠徳　新潮選書　二〇〇七年
『江戸の博物学者たち』杉本つとむ　講談社学術文庫　二〇〇六年
『エルウィン・フォン・ベルツ――日本に於ける一ドイツ人医師の生涯と業績』ショットレンダー　石橋長英訳
日本新薬　一九七一年
『大湯――熱海温泉の歴史』　講談社　一九六二年
『お雇い外国人⑨医学』石橋長英・小川鼎三　鹿島出版会　一九六九年
『温泉化学』服部安蔵　南山堂　一九四九年
『温泉言志』西川義方　人文書院　一九四三年
『温泉考』原双桂　一七九四年
『温泉須知』西川義方　診断と治療社出版部　一九三七年
『温泉小説：訓解』小笠原眞澄・小笠原春夫編著　文化書房博文社　一九九九年
『温泉読本』西川義方　実業之日本社　一九三八年
『温泉浴法辯』山崎大湖　一八三四年

『温泉辯』全二巻　宇津木昆台　一八四一年
『温泉と健康』西川義方　南山堂書店　一九三二年
『温泉と疾病』酒井谷平　金原商店　一九二六年
『温泉の医学』高安慎一　朝日新聞社　一九四三年
『温泉の医学』酒井谷平　医学書院　一九五二年
『温泉療法』高安慎一　金原商店　一九三九年
『温泉療法』三澤敬義　南山堂　一九四四年
『新訂温泉療養案内』大島良雄・山本鉱太郎　実業之日本社　一九七七年
『温泉療養指針』高安慎一　国際書院　一九三〇年
『温泉由来記』一七六〇年頃（宝暦年間）
『貝原益軒』井上忠・日本歴史学会編　吉川弘文館　一九六三年
『貝原益軒――天地和楽の文明学』横山俊夫編　平凡社　一九九五年
『学問の家　宇田川家の人たち』中貞夫　津山洋学資料館　二〇〇一年
『城崎（温泉新書16）』日本温泉協会　一九六九年
『城崎温泉誌』結城琢編　城崎温泉事務所　一九〇六年
『城崎町史』全二巻　城崎町　一九八八～九〇年
『城崎物語』神戸新聞但馬総局編　神戸新聞総合出版センター　一九九〇年
『嬉遊笑覧』全一二巻　喜多村信節　一八三〇年
『近世漢方医学書集成24　宇津木昆台』大塚敬節・矢数道明編　名著出版　一九八〇年
『草津入湯案内記』橋本徳瓶　一八三八年
『訓解温泉（一本堂薬選続編）』小笠原眞澄・小笠原春夫編　文化書房博文社　一九九五年

『決定版　日本医学史』富士川游　日新書院　一九〇四年
『厚生温泉学』西川義方　南山堂　一九四四年
『公衆浴場史』全国公衆浴場業環境衛生同業組合連合会　一九七二年
『滑稽有馬紀行』初編全二巻　大根土成　一八二七年
『師説筆記』（『近代科学思想』下）後藤艮山　岩波書店　一九七一年
『七湯の枝折――文窓・弄花』沢田秀三郎釈註　箱根町教育委員会　一九七五年
『新訂出雲国風土記参究』加藤義成　今井書店　一九九七年
『実験温泉治療学』松尾武幸　金原商店　一九四四年
『上毛温泉遊記』大槻文彦　一八七九年
『白浜町誌』本編上巻　白浜町　一九八六年
『図説　七尾の歴史と文化（新修七尾市史17）』七尾市　一九九九年
『新撰熱海案内』斎藤要八　熱海温泉場組合取締所　一九一四年
『舎密開宗』全二一巻　宇田川榕菴　一八三七～四七年
『碩学ベルツ博士』山上甚三郎抄編　三金ニュース編輯部　一九三九年
『但馬湯嶋道之記』河合章尭　発行・小川彦九郎　一七三三年
『俵山温泉の燭光』坂倉幸博編著　白猿山薬師寺　二〇〇五年
『但州湯嶋道中独案内』一七六三年
『筑紫紀行』全一〇巻　吉田重房　一八〇二年
『訂正　出雲国風土記』一八〇六年
『温泉気候転地療養』酒井谷平　博文館　一九三九年
『「湯治の道」関係資料調査報告書』箱根町立郷土資料館編　一九九七年

『日本医学の開拓者　エルヴィン・ベルツ』G・ヴェスコヴィ　石橋長英・今井正訳　日本新薬　一九七四年
『日本科学の先覚　宇田川榕菴』吉川芳秋　CA趣味社　一九三二年
『日本鉱泉誌』全三巻　内務省衛生局編纂　報行社　一八八六年
『日本鉱泉誌』厚生省大臣官房国立公園部編　青山書院　一九五四年
『日本発見⑱湯けむりの里』　暁教育図書　一九八〇年
『入浴・銭湯の歴史』中野栄三　雄山閣　一九九四年
『箱根温泉誌』清水市次郎編輯　尚古堂　一八八七年
『箱根温泉誌』高橋省三編　学齢館　一八九三年
『箱根温泉誌』箱根町企画課・神奈川県温泉地学研究所編　箱根町　一九八一年
『箱根温泉史』箱根温泉旅館協同組合編　ぎょうせい　一九八六年
『箱根鉱泉誌』広瀬佐太郎　発行・金原寅作　一八八八年
『箱根路歴史探索――街道と温泉秘話』岩崎宗純　夢工房　二〇〇二年
『箱根町誌』全三巻　箱根町誌編纂委員会編　角川書店　一九六七～八四年
『箱根七湯』岩崎宗純　有隣堂　一九七九年
『箱根七湯志』間宮永好　福住正兄増補　大八洲学会　一八八八年
『箱根湯本・塔之沢温泉の歴史と文化』箱根湯本温泉旅館組合編　夢工房　二〇〇〇年
『番付集成』上・下　林英夫・志賀登編　柏書房　一九七三年
『風俗の歴史3――ルネサンスの社会風俗』エドアルト・フックス　安田徳太郎訳　光文社　一九六六年
『ペルリ提督日本遠征記』全四巻　土屋喬雄・玉城肇訳　岩波文庫　一九八八年
『ベルツの日記』上・下　トク・ベルツ編　菅沼竜太郎訳　岩波文庫　一九七九年
『ポンペ日本滞在見聞記――日本における五年間』沼田次郎・荒瀬進訳　雄松堂出版　一九六八年

『美肌の科学』福井寛　日刊工業新聞社　二〇一三年
『美容のヒフ科学』改訂九版　安田利顕　南山堂　二〇一〇年
『風呂』（日本風俗史講座第一〇）中桐確太郎　雄山閣出版　一九二九年
『風呂と湯のこぼれ話――日本人の沐浴思想発達史話』武田勝蔵　村松書館　一九七七年
『ベルツ博士と群馬の温泉』木暮金太夫・中沢晁三編著　上毛新聞社　一九九〇年
『ベルツの生涯――近代医学導入の父』安井広　思文閣出版　一九九五年
『明治前日本医学史』全五巻　日本学士院日本科学史刊行会編　日本学術振興会　一九七八年
『明治前日本薬物学史版』全二巻　日本学士院日本科学史刊行会編　日本学術振興会　一九七八年
『明月記』全三巻　藤原定家　国書刊行会　一九七三年
『大和本草』貝原益軒　一七〇九年
『ゆの山御てん――有馬温泉・湯山遺跡発掘調査の記録』神戸市教育委員会　二〇〇〇年
『養生訓』貝原益軒　一七一二年
『旅行用心集』八隅蘆菴　一八一〇年

【著者】

松田忠徳（まつだ ただのり）

1949年北海道生まれ。東京外国語大学大学院でモンゴル学、モンゴル国立医科大学大学院で伝統医学を学ぶ。文学博士、医学博士。国際的な温泉学者として、温泉観光学から温泉文化論、温泉医学まで活動範囲は多岐にわたる。札幌国際大学観光学部教授を経て、現在グローバル温泉医学研究所所長、及びモンゴル国立医科大学教授、北京徳稲教育機構教授を兼任。
主な著書に、『温泉教授の日本百名湯』（光文社新書）、『知るほどハマル！　温泉の科学』（技術評論社）、『温泉教授の湯治力』（祥伝社新書）、『江戸の温泉学』（新潮選書）、『列島縦断2500湯』『温泉教授・松田忠徳の古湯を歩く』『温泉維新』（以上、日本経済新聞出版社）、『温泉に入ると病気にならない』（PHP新書）、『温泉力』（ちくま文庫）、『温泉手帳』（東京書籍）、『温泉教授の健康ゼミナール』（双葉新書）など多数。

温泉はなぜ体にいいのか

発行日――2016年11月25日　初版第1刷

著者――松田忠徳
発行者――西田裕一
発行所――株式会社平凡社
〒101-0051 東京都千代田区神田神保町3-29
電話　(03) 3230-6583［編集］
(03) 3230-6573［営業］
振替　00180-0-29639
平凡社ホームページ　http://www.heibonsha.co.jp/
装幀者――鳥井和昌
DTP――矢部竜二
印刷――株式会社東京印書館
製本――大口製本印刷株式会社

© Tadanori Matsuda 2016 Printed in Japan
ISBN978-4-582-83651-6　C0044　NDC分類番号453.9
四六判(18.8cm)　総ページ250
落丁・乱丁本のお取り替えは小社読者サービス係まで直接お送りください。
(送料は小社で負担いたします)